程序员书库

Python
设计模式实战

[美] 詹姆斯·W. 库珀（James W. Cooper）著

王艳 张帆 译

Python Programming
with Design Patterns

机械工业出版社
CHINA MACHINE PRESS

本书中文简体字版由 Pearson Education（培生教育出版集团）授权机械工业出版社在中国大陆地区（不包括香港、澳门特别行政区及台湾地区）独家出版发行。未经出版者书面许可，不得以任何方式抄袭、复制或节录本书中的任何部分。

本书封底贴有 Pearson Education（培生教育出版集团）激光防伪标签，无标签者不得销售。

北京市版权局著作权合同登记　图字：01-2022-1914 号。

图书在版编目（CIP）数据

Python 设计模式实战 /（美）詹姆斯·W. 库珀（James W. Cooper）著；王艳，张帆译 . —北京：机械工业出版社，2023.12

（程序员书库）

书名原文：Python Programming with Design Patterns

ISBN 978-7-111-74003-2

I. ① P…　II. ①詹…②王…③张…　III. ①软件工具 – 程序设计　IV. ① TP311.561

中国国家版本馆 CIP 数据核字（2023）第 189678 号

机械工业出版社（北京市百万庄大街 22 号　邮政编码 100037）

策划编辑：王　颖　　　　　　责任编辑：王　颖
责任校对：龚思文　陈　洁　责任印制：郜　敏
三河市宏达印刷有限公司印刷
2023 年 12 月第 1 版第 1 次印刷
186mm×240mm · 16 印张 · 341 千字
标准书号：ISBN 978-7-111-74003-2
定价：99.00 元

电话服务　　　　　　　　　网络服务

客服电话：010-88361066　　机 工 官 网：www.cmpbook.com

　　　　　010-88379833　　机 工 官 博：weibo.com/cmp1952

　　　　　010-68326294　　金 书 网：www.golden-book.com

封底无防伪标均为盗版　机工教育服务网：www.cmpedu.com

自 1991 年 Python 0.90 公开发表以来，Python 语言深受编程爱好者的欢迎。不像类 C 语言（C、C++、Java 和 C# 等）需要复杂的括号和语法，Python 超级简单易学，代码简洁，功能强大，易于维护，在人工智能、大数据、云计算、游戏开发、网站设计等众多领域应用广泛。

本书作者基于多年的编程和项目实践经验，系统地总结和优化了 Python 编程中可重用的解决方案，并加以分类编目，形成三大类可复用的 Python 设计模式。本书第一部分介绍了 Python 设计模式基础知识，包括面向对象编程（OOP）、Python 可视化编程及设计模式。第二部分创建型模式、第三部分结构型模式和第四部分行为型模式系统介绍了工厂模式、单例模式、生成器模式、原型模式、适配器模式、桥接模式、组合模式、装饰器模式、外观模式、享元模式、代理模式、访问者模式等。为方便 Python 爱好者快速上手，本书还给出了使用场景、功能详解、程序示例，以及 GitHub 库中完整的示例程序及相关数据文件等。第五部分介绍了 Python 语法、函数、开发环境等 Python 基础知识，结合设计模式中的应用程序实践，帮助读者轻松学习 Python 语言。

本书由王艳和张帆联合翻译，其中王艳翻译了本书第 1 章～第 19 章，张帆翻译了第 20 章～第 35 章。如广大读者在阅读过程中发现错误和纰漏，欢迎批评指正。

祝愿各位 Python 爱好者快速上手，享受设计模式编程的乐趣。

前　言 *Preface*

在我刚开始学习 Python 时，Python 超级简单的编程方式和简单易学的基本程序给我留下了深刻的印象。Python 语言的语法非常简单，不需要记忆括号或分号。不同于那些需要使用 <Tab> 键创建 4 个首行缩进的空格的编程语言，Python 编程简单易学。

使用 Python 几周后，我认识到 Python 语言是如此令人难以置信，它可以实现非常强大的功能。Python 是一门完全面向对象的语言，用户可利用它轻松创建类并设定数据的使用范围，不必为复杂的语法而烦恼。

事实上，当我用 Python 重新编写几年前曾用 Java 编写的程序时，我为 Python 的简单易用感到惊讶。同时，Python 强大的集成开发环境（IDE），大大减少了程序编写中的错误数量。

当我用 Python 很快完成许多任务时，我意识到是时候写一本关于 Python 的书了。我用 Python 语言重新编写了全新、干净、可读的 23 个经典设计模式，由此诞生了本书。本书展示了面向对象的基础知识、可视化编程，以及如何使用经典设计模式。学习者可以在 GitHub 上找到相关程序的全部开源代码，GitHub 代码库链接如下：https://github.com/jwcnmr/jameswcooper/tree/main/Pythonpatterns[⊖]。

本书旨在帮助 Python 程序爱好者拓宽面向对象编程（OOP）和设计模式的相关知识。

❑ 如果读者是一位 Python 编程的新手，可以直接学习第 31 章～第 35 章的 Python 基础知识，然后返回第 1 章学习。

❑ 如果读者是一位有经验的 Python 编程人员，可以从第 1 章开始学习面向对象编程和设计模式的相关知识，按个人喜好，也可以跳过第 2 章和第 3 章，直接学习后面的内容。

Python 是所有编程语言中最容易学习的一门语言，通过运用设计模式，实现各种对象十分容易。随后，读者将了解到对象可以做什么以及在工作中如何使用对象。

⊖　该网址由英文原书作者给出，读者是否能打开它取决于它的运行情况和读者的网络情况。——编辑注

在任何情况下，面向对象编程的方法都有助于读者编写更好的、更容易被重复利用的程序代码。

本书结构

本书由以下五个部分构成。

第一部分　设计模式基础

从本质上说，设计模式描述的是对象间的有效互动。本书第 1 章介绍对象的相关内容，并提供图形化实例来演示模式是如何工作的。

第 2 章和第 3 章介绍 Python 可视化编程工具——tkinter 库，用于创建窗口、按钮、列表、表格等对象。

第 4 章介绍设计模式的定义及其相关内容。

第二部分　创建型模式

第 5 章介绍基本的工厂模式，它是第 6 章的基础。

第 6 章介绍工厂方法模式。在此模式中，父类将创建实例对象的决定交给每个子类。

第 7 章讨论抽象工厂模式。抽象工厂模式是一个工厂对象，它返回几组类之一。

第 8 章介绍单例模式，它所描述的类中不能有多个实例。单例模式提供了对此实例的单个全局访问点。该模式并不常用，但了解该模式非常有帮助。

第 9 章介绍生成器模式，该模式将复杂对象的构造与其可视化表示分开，以便可以根据程序的需要创建不同的表示形式。

第 10 章展示通过原型模式创建一个类实例是多么耗时且复杂。对于复杂对象，通常需要复制原始实例对象并酌情做出修改，而不是创建多个实例。

第 11 章总结第二部分的模式。

第三部分　结构型模式

第 12 章介绍适配器模式，该模式用于将一个类的编程接口转换为另一个类的编程接口。适配器在不相关的多个类在同一个程序中协同工作时非常有用。

第 13 章介绍桥接模式，该模式旨在将类的接口与其实现代码分开。这使用户能够在不更改客户端代码的情况下改变或更换类的实现代码。

第 14 章介绍组合模式，该模式适用于组件是单个对象或对象的集合的情况，通常采用树状结构。

第 15 章介绍装饰器模式，该模式提供了一种用户可修改单个对象的行为而不必创建新的派生类的方法。该模式虽然可以应用于按钮等可视化对象，但在 Python 中最常见的用途是创建一种修改单个类实例行为的宏。

第 16 章介绍外观模式，阐述如何使用外观模式编写一个简化的代码接口。

第 17 章介绍享元模式，该模式用于将一些数据移到类外，以减少对象的数量。

第 18 章介绍代理模式，该模式适用于以简单的对象表示复杂的对象，或创建耗时的对象的情况。如果创建一个对象需要花费大量时间或占用大量计算机资源，那么可以使用代理模式，代理模式可以实现延迟创建，直到真正需要该对象为止。

第 19 章总结了第三部分的模式。

第四部分　行为型模式

第 20 章介绍责任链模式，该模式展示请求如何从链中的一个对象传递到下一个对象，直到请求被识别，实现对象之间的解耦。

第 21 章介绍命令模式，展示了命令模式如何使用简单的对象执行软件命令。此外，该模式支持日志记录和可撤销的操作。

第 22 章介绍解释器模式，该模式展示了如何创建一个小型执行语言，并将其包含在应用程序中。

第 23 章介绍迭代器模式，该模式描述了遍历对象集合中的元素的方法。

第 24 章介绍中介者模式，该模式通过使用独立的对象来简化对象之间的通信，所有对象之间不必相互了解。

第 25 章介绍备忘录模式，该模式能保存对象的内部状态，以便用户以后可以恢复对象信息。

第 26 章介绍观察者模式，该模式允许用户在程序状态发生变化时将更改通知给多个对象。

第 27 章介绍状态模式，该模式允许对象在内部状态发生变化时修改自身的行为。

第 28 章介绍策略模式，该模式与状态模式类似，不需要任何整体的条件语句即可在算法之间轻松切换。策略模式和状态模式之间的区别在于，在策略模式下，用户通常从几种策略中选择一种来应用。

第 29 章介绍模板方法模式,该模式在类中形式化定义算法的构思,在子类中实现具体的细节。

第 30 章介绍访问者模式,该模式将表格转化为面向对象的模型,并创建一个外部类用于与其他类中的数据进行交互。

第五部分 Python 基础知识

第 31 章回顾了基本的 Python 变量和语法。

第 32 章以实例的方式展示了应用程序如何做决策。

第 33 章简要总结了几种常见的 Python 开发环境。

第 34 章讨论了集合和文件。

第 35 章讨论了如何在 Python 中使用函数。

目　录 *Contents*

第一部分 *Part 1*

设计模式基础

Python 是一种面向对象的语言，几乎所有 Python 组件实际上均为对象。因此，我们在第 1 章中介绍了面向对象编程，并在本书的其余部分给出了大量的程序示例。

Python 的技术基础与 Java 的类似，语言编译器将高级语言代码翻译成较低级的字节码，那么执行 Python 程序就相当于为这些字节码编写一个解释器。Python 可在 Windows、Mac OS X 和 Linux 平台上运行，用户还可以找到能够在 AIX、AS/400s、iOS、OS/390、Solaris、VMS 和 HP-UX 平台上运行的 Python 程序。

每当提及脚本语言，用户都会想到它支持相对简单的编程概念。事实上，任何具有计算机编程基本技能的人都可以轻松学习 Python。但是 Python 同时也是一种成熟的编程语言，它既简单到可以满足用户快速编程的需求，又足够复杂，可以实现面向对象的编程，以及具有继承、异常处理和多线程等功能。在编写本书的示例代码时，我们发现 Python 程序比我们以前用其他语言编写的程序更清晰、更简洁。

在本书的主要部分（第 5 章～第 30 章）中，我们向用户展示了如何轻松运用常见的设计模式，这些设计模式是面向对象编程的基础，用户将在进一步的编程实践中用到它们。如果用户对书中的示例代码有些困惑，可以先学习第 31 章～第 35 章的内容，然后再返回到第 5 章学习设计模式相关的内容。

Python 是一种不断成长的语言，约每年发布一个新版本，因此用户可以使用的 Python 库很多，但没有任何一本书可以涵盖所有这些库。如果用户想了解如何在 Python 中实现一些不寻常的事情，或者遇到了难以解决的编程问题，可以在互联网上查询，比如网站 stackoverflow.com 为用户提供了非常宝贵的资源。

tkinter 库

许多模式都使用了 tkinter 库来执行它们的功能，例如适配器模式、桥接模式、命令模式、中介者模式。tkinter 库为用户提供一个图形示例，以便用户了解该模式的作用。

GitHub

本书中的所有示例程序都可以在 GitHub 上找到，完整访问路径为 https://github.com/jwcnmr/jameswcooper/tree/main/Pythonpatterns。

本书中列举的所有示例代码均使用 Python 3.9 编译，可在 PyCharm 或 Thonny 开发环境中运行。

对象简介

类是 Python 语言最重要的内容之一，也是面向对象编程语言的重要组成部分。因为 Python 的绝大多数组件都是对象，所以我们将首先介绍对象的概念。不要跳过本章内容，因为我们将在接下来的每一章中都使用它们！

对象用于保存数据并提供访问和更改该数据的方法。例如，字符串、列表、元组、集合和字典都是对象，复数也是对象。通过与对象关联的函数（也称为方法）可获取和更改对象的数据。

```
list1 = [5, 20, 15, 6, 123] # create a list
x = list1.pop()              # remove the last item, x =123
```

上述示例展示了常用的对 Python 对象进行访问和操作的方式。那么用户如何创建自己的对象呢？

用户使用类来创建新的对象。一个类可能看起来有点像一个函数。但类和函数的不同点在于类可以创建多个不同实例，每个实例包含不同的数据。类可以包含许多函数，每个函数对与该类实例相关联的数据进行操作。类的每个实例通常被称为对象，而每个函数通常称为方法。

很多时候，用户使用类来表示现实世界的概念，例如商店、客户和银行。用户通过定义一个描述该对象的类来创建对象，例如使用员工（Employee）类来描述员工，此处的 Employee 类包含员工姓名、薪酬、福利以及 ID 号。

```
class Employee():
    def __init__(self, frname, lname, salary):
        self.idnum: int          #place holder
        self.frname = frname     #save name
        self.lname = lname
        self._salary = salary    # and salary
```

```
        self.benefits = 1000       # and benefits

    def getSalary(self):           # get the salary
        return self._salary
```

请注意，每个员工的信息都是在 _init_ 方法中设置的，当创建 Employee 类的每个实例时，该方法会自动被调用。self 前缀用于表示用户需要访问该类实例中的变量。该类的其他实例可以对相同的变量赋予不同的值。在一个类内部，通过 self 前缀可访问该类的所有变量（和所有方法）。

类的 __init__ 方法

当创建一个类的实例时，用户可简单创建一个类变量并对相应的参数赋值。

```
fred = Employee('Fred', 'Smythe', 1200)
sam  = Employee('Sam', 'Snerd', 1300)
```

此处变量 fred 和 sam 是 Employee 类的两个员工实例，并对员工姓名、薪水等字段赋予了特定的值。当然，可以创建任意数量的 Employee 类实例，每个员工为一个实例。

类的局部变量

Employee 类包含员工的名字、姓氏、薪酬、福利和 ID 号等变量，我们可以使用 getSalary 方法访问这些变量值。但为什么不能直接访问呢？在许多类似的语言中，类的变量是私有的或隐藏的，因此用户需要一个访问方法来检索变量的值。然而，Python 允许用户做任何想做的事，用户不需要通过 getSalary 方法或属性来访问变量值，而是可以直接通过如下语句获取数据。

```
print(fred._salary)
```

那么，为什么要使用访问函数呢？一定程度上是为了强调类中的变量是私有的，此操作可能会导致变量值的改变，但访问函数保持不变。在某些情况下，访问函数的返回值可随即被计算出来。

在 Python 中，有一个约定俗成的规则，即在私有变量的名称前加上下划线，以强调不应直接访问这些变量。请注意，这只是一种约定，Python 并没有真正阻止直接访问私有变量或方法。但这种约定有助于提醒开发者应该遵循封装的原则，尽量避免直接访问私有成员。在很多的开发环境下，比如 PyCharm，不建议用这种方法访问实例的变量值。但如果用户坚持使用 "_" 方式访问，从语法上说依旧是可行的，因为这只是一个编程的约定，而不是语法要求。

类的集合

可将所有的 Employee 类保存在数据库中，但在程序设计中，使用类的集合是更好的选择。首先定义 Employee 类，再将员工保存在集合字典中，每个员工有唯一 ID 号作为关键字。

```
# Contains a dictionary of Employees, keyed by ID
# number
class Employees:
    def __init__(self):
        self.empDict = {}       # employee dictionary
        self.index = 101        # starting ID number

    def addEmployee(self, emp):
        emp.idnum = self.index  # set its ID
        self.index += 1         # go on to next ID
        self.empDict.update({emp.idnum: emp}) # add
```

在上面的 Employee 类中，创建了一个空字典集合和一个初始 ID 号。每当添加新员工到这个类时，类的索引值会自动加 1。

以下程序为外部类 HR 对 Employee 类的使用。

```
# This creates a small group Employees
class HR():
    def __init__(self):
        self.empdata = Employees()
        self.empdata.addEmployee(
                    Employee('Sarah', 'Smythe', 2000))
        self.empdata.addEmployee(
                    Employee('Billy', 'Bob', 1000))
        self.empdata.addEmployee(
                    Employee('Edward', 'Elgar', 2200))

    def listEmployees(self):
        dict = self.empdata.empDict
        for key in dict:
            empl= dict[key] # get the instance
            # and print it out
            print (empl.frname, empl.lname,
                                empl.salary)
```

可在其他类中使用当前类的实例。

继承

继承是面向对象编程中的一个强大的工具。如上所述，用户不仅可以创建类的不同实例，还可以创建派生类。这些新的派生类具有父类的所有属性以及用户编写的任何其他属性。请注意，派生类的 __init__ 方法必须调用父类的 __init__ 方法。

公司中还有其他类型的员工，比如有薪资（相同或更少）但无福利的临时工。此时，我们可以从 Employee 类派生出新的 TempEmployee 类，无须创建一个新类。派生类

TempEmployee 类继承了父类 Employee 类的所有方法，因此用户不必重复编写相同功能的代码，仅需要编写新的部分。

```python
# Temp employees get no benefits
class TempEmployee(Employee):
    def __init__(self, frname, lname, idnum):
        super().__init__(frname, lname, idnum)
        self.benefits = 0
```

创建派生类

在面向对象的编程中，用户可巧妙地通过创建派生类，轻松实现不同的子类调用一个或多个父类的方法，产生不同的执行结果，这体现了类的多态性。例如，从名为 Intern 的实习生类中创建另一个类。实习生没有福利，薪资上限也很低。因此，创建一个新的派生类，采用 setSalary 方法检查薪资以确保它不超过上限。

```python
# Interns get no benefits and a smaller salary
class Intern(TempEmployee):
    def __init__(self, frname, lname, sal):
        super().__init__(frname, lname, sal)
        self.setSalary(sal) # cap salary

    # limit intern salary
    def setSalary(self, val):
        if val > 500:
            self._salary = 500
        else:
            self._salary = val
```

多重继承

与 Java 和 C# 语言不同（但与 C++ 相似），Python 允许用户基于多个基类创建继承类。这可能令 Python 的初学者感到困惑，大多数用户在创建了类的层次结构之后才发现其中的一些类可能与其他类共享相同的方法。第 21 章介绍以这种方式使用 Command 类。

假设员工是优秀的演讲者，创建一个 Speaker 类。

```python
# class representing public speakers
class Speaker():
    def inviteTalk(self):
        pass
    def giveTalk(self):
        pass
```

上面程序省去了实现的细节。还可创建 Speaker 类的派生类 PublicEmployee。

```python
class PublicEmployee(Employee, Speaker):
```

```
    def __init__(self, frname, lname, salary):
        super().__init__(frname, lname, salary)
```

在每个类中创建一组员工对象。

```
class HR():
    def __init__(self):
        self.empdata = Employees()
        self.empdata.addEmployee(
                    Employee('Sarah', 'Smythe',2000))
        self.empdata.addEmployee(
                    PublicEmployee('Fran', 'Alien',3000))
        self.empdata.addEmployee(
                    TempEmployee('Billy', 'Bob', 1000))
        self.empdata.addEmployee(
                    Intern('Arnold', 'Stang', 800))

    def listEmployees(self):
        dict = self.empdata.empDict
        for key in dict:
            empl= dict[key]
            print (empl.frname, empl.lname,
                        empl.getSalary())
```

请注意，三个派生类，仍是 Employee 对象。

派生类允许用户创建具有不同属性或计算方法的相关类。

绘制矩形和正方形

Canvas 类是 tkinter 库中的可视对象，可以通过 Canvas 的 create_rectangle 方法绘制矩形。

create_rectangle 方法有四个参数 x1、y1、x2、y2，现使用 x、y、w、h 创建一个方法，需要进行参数转换并隐藏在 Rectangle 类内部。

```
# Rectangle draws on canvas
class Rectangle():
    def __init__(self, canvas):
        self.canvas = canvas  # copy canvas ref

    def draw(self, x, y, w, h):  # draw the rect
        # canvas rectangle uses x1,y1, x2,y2
        self.canvas.create_rectangle(x, y, x+w, y+h)
```

上面程序的输出结果如图 1-1 所示。

假设要画一个正方形从 Rectangle 类中派生出一个可绘制正方形的 Square 类。

```
# Square derived from Rectangle
class Square(Rectangle):
    def __init__(self, canvas):
        super().__init__(canvas)
```

```
def draw(self, x, y, w):
    super().draw( x, y, w, w) # draw a square
```

请注意，只需要将正方形的宽度值传递到 Rectangle 类中两次。一次作为宽度值，一次作为高度值。

```
def main():
    root = Tk()                   # the graphics library
    canvas = Canvas(root)         # create a Canvas inst
    rect1 = Rectangle(canvas)     # and a Rectangle
    rect1.draw(30, 10, 120, 80)   # draw a rectangle

    square = Square(canvas)       # create a Square
    square.draw(200, 50, 60)      # and draw a square
```

图 1-2 展示了上述程序执行结果。

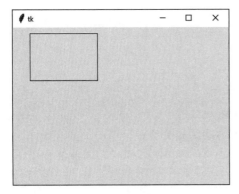

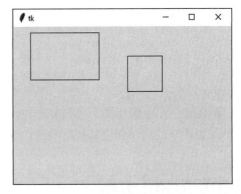

图 1-1　输出结果　　　　　　　图 1-2　一个矩形和一个从该矩形派生出的正方形

变量的可见性

在 Python 程序中，变量的可见性分为以下四个层次：

❑ 全局变量（会造成困难）；

❑ 类内部的类变量；

❑ 类中的实例变量；

❑ 函数内部的局部变量（外部不可见）。

全局变量 badidea 可以被任何类中的任何函数访问并对其值进行更改。用户有时用全局变量来表示常量，但类变量更容易控制且不易出错。

```
""" demonstrate variable access """
badidea = 2.77 # global variable

class ShowData():
    localidea = 3.56      # class variable
```

```
def __init__(self):
    self._instvar = 5.55  # instance variable
```

在上面的程序中，localidea 是类顶部定义的变量，它不属于任何类中的方法。此类的成员和其他类的成员均可以通过类名和变量名来访问 localidea 变量。

```
print(ShowData.localidea)
```

用户也可以更改变量，但这不是一个好的编程习惯。实例变量对于类的每个实例都是唯一的，并且用户可通过在变量名前加上 self 来创建实例变量。

```
def __init__(self):
    self._instvar = 5.55  # instance variable
```

上述程序通过创建了变量 _instvar，表示用户不应在类外部访问该变量。如果用户尝试通过以下方式访问它，则开发环境会给出警告信息。

```
print (ShowData._instvar)
```

获取这些实例变量的常用方式是使用 getter 和 setter 方法。

```
# return the instance variable
def getInstvar(self):
    return self._instvar

# set the value
def setInstvar(self, x):
    self._instvar = x
```

属性

用属性装饰器可获取和存储实例变量。

```
# getters and setters can protect
# use of instance variables
    @property
    def instvar(self):
        return self._instvar


    @instvar.setter
    def instvar(self, val):
        self._instvar = val
```

如果变量值超出范围，这些装饰器允许用户通过方法调用来访问或更改该变量，以此保护变量值。

```
print(sd.instvar)       # uses getter
sd.instvar = 123        # uses setter to change
```

局部变量

局部变量是函数内部有局部作用域的变量，且仅存在于该函数内。在下列程序示例中，

变量 x 和 i 都只能在该简单函数内使内，不能在函数外访问。

```
def addnums(self):
    x = 0                    # i and x are local
    for i in range(0, 5):
        x += i
    return x
```

Python 中的变量类型

Python 中的变量类型是在程序运行时动态确定的，并不会因类型的提前声明而确定。Python 通过用户分配给变量的值来推断变量的类型，当类型发生冲突时，会导致报错。这种动态类型被称为鸭子类型，它源于古老的格言："如果它看起来像鸭子，叫起来像鸭子，那它就是鸭子。"

Python 3.8 增加了类型提示以告知静态类型要检查的内容。静态类型检查本身不是 Python 的一部分，但大多数开发环境（例如 PyCharm）会自动进行该检查，并突出显示可能的错误。

定义函数的每个参数类型及返回类型。如下：

```
class Summer():
    def addNums(self, x: float, y: float) ->float:
        return x + y
```

用户可定义两个或多个名字相同但参数不同的函数。

```
def addNums(self, f: float, s: str)->float:
    fsum = f + float(s)
    return fsum
```

Python 将根据输入参数调用正确的函数，无论用户输入两个浮点数，还是一个浮点数，或是一个字符串。

```
sumr = Summer()
print(sumr.addNums(12.0, 2.3))
print(sumr.addNums(22.3, "13.5"))
```

输出结果如下：

```
14.3
35.8
```

这体现了多态性，意味着用户可以拥有多个名称相同但参数不同的方法，程序可根据用户输入的参数调用相应的方法。这个特点在 Python 程序中很常用。

但是，如果调用 addNums(str, str)，将会发现 PyCharm 和其他类型编译器将此标记为错误，因为该类没有此方法。

```
Unexpected types (str, str)
```

总结

本章涵盖了面向对象编程的所有基础知识，总结如下：

❑ 使用关键字 class 后面跟大写的类名来创建类。

❑ 类包含数据，类的每个实例可以保存不同的数据，这称为封装。

❑ 用户可创建从其他类派生的类。在类名后面的括号中，可以指定派生自哪个类，这称为继承。

❑ 用户可创建一个派生类，其方法在某种程度上可不同于基类的方法，这体现了多态性。

❑ 用户还可创建包含其他类的类，这将在后面的章节中举例。

GitHub 中的程序

❑ BasicHR.py：包含 Employee 类，不含派生类。

❑ HRclasses.py：包含两个派生类。

❑ Speaker.py：包含演讲者类。

❑ Rectangle.py：绘制矩形和方形。

❑ Addnumstype.py：展示多态函数调用。

Python 可视化编程

借助 Python 提供的 tkinter 库，用户可制作可视化界面。Python 为用户提供了用于创建窗口、按钮、单选按钮、复选框、输入字段、列表框、组合框等可视化组件的工具。

在使用 tkinter 库之前，需要先导入库。

```
import tkinter as tk
from tkinter import *
```

接着设置窗口。

```
# set up the window
root = tk.Tk()                        # get the window
```

创建 Hello 按钮。

```
# create Hello button
slogan = Button(root,
                text="Hello",
                command=disp_slogan)
```

然后进行布局。

```
slogan.pack()
```

命令的参数是指消息框函数 write_slogan 中输入的消息参数。

```
# write slogan out in a message box
def disp_slogan():
    messagebox.showinfo("our message",
                        "tkinter is easy to use")
```

之后，创建另一个退出按钮 QUIT，此按钮的创建方法同 Hello 按钮的创建方法。

```
# create exit button with red letters
button = Button(root,
                text="QUIT",
                fg="red",
                command=quit)
button.pack()
```

此按钮的命令参数调用了 Python 的内置退出函数。请注意，当用户在命令参数中使用函数名称时，请省略括号；否则，函数将会被立刻调用。此处添加退出函数是为了方便我们学习 Python，但命令 quit 并不总是能彻底退出程序。如果希望彻底退出程序，用户需要调用函数 sys.exit。

程序 Hellobuttons.py 的执行结果如图 2-1 所示。

我们可以使用 pack layout 函数放大窗口，让此窗口看起来更美观。

```
root.geometry("100x100+300+300")    # x, y window
                                    # size and position
```

为了进一步优化窗口，用户可以将一个按钮放置在左侧，一个按钮放置在右侧，并在按钮之间添加 10 像素的填充。

```
slogan.pack(side=LEFT, padx=10)
button.pack(side=RIGHT, padx=10)
```

新窗口如图 2-2 所示。

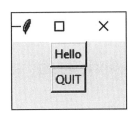

图 2-1　两个按钮窗口和一个消息框窗口　　　　图 2-2　新窗口

导入少量名字

import 语句将导入 tkinter 库中的所有名称。

```
from tkinter import *
```

有时候，仅需要 tkinter 库的几个名称。这可能导致创建了一个与其他 tkinter 对象同名的变量。同时，import 语句还会把 tkinter 库中的所有函数都加载到开发环境中。正常情况下，只需要导入计划使用的那部分内容。

```
from tkinter import Button, messagebox, LEFT, RIGHT
```

PyCharm 可以帮助用户导入计划使用的内容。如果删除 import * 语句，PyCharm 将高亮显示它无法识别的名称。单击每个名称时，PyCharm 会对要导入的名称给出建议，通常用户只需执行 3 ～ 4 次即可导入所有带下划线的名称。

面向对象的程序

创建两个按钮，其中一个调用了外部函数，这可能会造成混淆。如果单击按钮时调用的函数是 Button 类的一部分，则可以避免混淆。下面的 Derived2Buttons.py 程序将演示此操作。

为此，创建一个新的派生 Button 类即 DButton 类，该类包含 comd 方法，并继承了 Button 类的所有行为。

```python
#derived class from Button that contains empty comd function
class DButton(Button):
    def __init__(self, root, **kwargs):
        super().__init__(root, kwargs)
        super().config(command=self.comd)

    #abstract method to be called by children
    def comd(self):
        pass
```

comd 方法为空，但从中派生出 OK 和 QUIT 按钮类。pass 关键字的含义为"继续，但不执行任何操作"。但是请注意，可通过如下语句将它传递给父类。

```python
command=self.comd
```

本质上这是一个抽象方法，因为它不执行任何操作，但派生类会填充它。因此，可将 DButton 类视作一个抽象类。

方法 __init__ 包含对 **kwargs 的引用，这是从 C 语言中借鉴的语法，含义为指向字典形式表示的名称 - 值对数组的指针。该字符串数组包含可以传递给父类（即 Button 类）的所有配置参数。在创建任何 tkinter 组件的派生类时，可使用完全相同的语法。

OKButton 类派生自 DButton 类，并在 OKButton 类中使用了 comd 方法。

```python
#derived from DButton with actual OK comd
class OKButton(DButton):
    def __init__(self, root):
        super().__init__(root, text="OK")

    def comd(self):
        messagebox.showinfo("our message",
                            "tkinter is easy to use")
```

Button 类调用一个名为 comd 的函数，该函数仅在派生的 OKButton 类中实现。即使派生的 OKButton 类并没有将此函数告之父类，程序也调用了这段代码。父类的抽象 comd 方法被子类 OKButton 中的实际 comd 方法替换了。

类似地，可同样创建从 DButton 类派生的 QuitButton 类，并定义不同的 comd 方法。

```
#derived from DButton calls Quit function
class QuitButton(DButton):
    def __init__(self, root):
        #also sets Quit to Red
        super().__init__(root, text="Quit", fg="red")

    #calls the quit function and the program exits
    def comd(self):
        quit()
```

这简化了用户界面的设置，因为现在大部分的工作都在派生类中完成。

```
def buildUI():
    root = tk.Tk()   # get the window
    root.geometry("100x100+300+300")   # x, y window

    # create Hello button
    slogan = OKButton(root)
    slogan.pack(side=LEFT, padx=10)

# create exit button with red letters
button = QuitButton(root)
button.pack(side=RIGHT, padx=10)

# start running the tkinter loop
root.mainloop()
```

也可以将两个 pack 方法移到派生类中，并放置在 buildUI 函数之外。

```
class OKButton(DButton):
    def __init__(self, root):
        super().__init__(root, text="OK")
        self.pack(side=LEFT, padx=10)
```

使用消息框

不同函数对消息框对象的调用将产生略有不同的界面显示。函数 showwarning 和 showerror 将显示级别不同的特殊图标。

```
messagebox.showwarning("Warning", "file not found")
messagebox.showerror("Error", "Division by zero")
```

结果如图 2-3 所示。

用户也可以通过函数 askquestion、askyesnocancel、askretrycancel、askyesno 以及 askokcancel 实现提问。这些函数将返回 True、False、None、OK、Yes 或 No 的子集。

```
result = messagebox.askokcancel("Continue", "Go on?")
result= messagebox.askyesnocancel("Really", "Want to go on?")
```

图 2-3　警告消息框和错误消息框

结果如图 2-4 所示。

 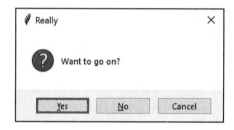

图 2-4　askokcancel 和 askyesnocancel 函数的消息框

上述所有消息框和随后的文件对话框均在 Messageboxes.py 程序中进行了说明。

使用文件对话框

如果在程序中打开一个或多个文件，可以访问 filedialog 类。

```
from tkinter import filedialog
# open a single file
fname =filedialog.askopenfilename()
print(fname)

# select several files -returns a tuple
fnames =
    filedialog.askopenfilenames(
        defaultextension="*.py")
print(fnames)
```

第一个对话框将返回用户在对话框中所选文件的完整路径，如果单击"取消"，则返回一个空字符串。第二个对话框将返回用户选择的文件的元组，如果没有选择任何文件，则返回一个空元组。函数 asksaveasfile 将打开另存为（Save As）对话框。

理解 pack 布局管理器选项

尽管 pack 布局有限制，但很多常见问题均可以使用 pack() 和许多布局选项很好地解决：

```
# Stretch widget to fill the frame in the X direction, Y direction, or both.
fill=X
fill=Y
fill=BOTH
# Position widget at left or right side of frame.
side=LEFT
side=RIGHT
# Distribute remaining space in the frame among all widgets with a nonzero value
    for expand.
expand=1
# Where the widget is placed within the packing box. Options are CENTER (default),
    N, S, E, W, or contiguous combinations such as NE.
anchor
# Add that number of pixels of border space.
padX=5, pady=5
```

如下程序来自 packoptions.py，它简单展示了如何使用 pack 布局选项，两行组件的每一行都设置在框架中。

```
frame1 = Frame()          # first row
frame1.pack(fill=X)       # fill all of X

lbl1 = Label(frame1, text="Name", width=7) # add a label
lbl1.pack(side=LEFT, padx=5, pady=5)       # on left
entry1 = Entry(frame1)                     # add aentry
entry1.pack(fill=X, padx=5, expand=True)
and here is the second row:
frame2 = Frame()          #second row
frame2.pack(fill=X)

lbl2 = Label(frame2, text="Address", width=7) #label
lbl2.pack(side=LEFT, padx=5, pady=5)
entry2 = Entry(frame2)                     # and entry
entry2.pack(fill=X, padx=5, expand=True)
```

结果如图 2-5 所示。

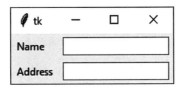

图 2-5　输出结果

使用 ttk 库

tkinter 库直接连接到底层 tk 窗口工具包，该工具包可被移植到大多数平台上使用。近期新的 tkinter.ttk 工具包上线，为用户提供了界面更美观的组件，它的特点是图形与逻辑功能相互独立。ttk 工具包更新了如下组件代码：按钮、复选按钮、条目、框架、标签、标签框、菜单按钮、面板窗口、单选按钮、缩放和滚动条。此外，ttk 工具包还包含额外的组件，包括组合框、笔记本、进度条、分隔符、尺寸调整框和树视图。

要使用低配置的 tkinter 库，请将如下代码添加到程序的顶部。

```
import tkinter as tk
from tkinter import Button, messagebox, LEFT, RIGHT
```

To use the newer set of widgets, add this code instead:

```
import tkinter as tk
from tkinter import messagebox, LEFT, RIGHT
from tkinter.ttk import Button
```

上述代码使用功能相同的 ttk 组件替换了原始的 tk 组件。如果用户希望使用 Combobox 组件或 Treeview 组件，需要切换到 ttk 工具包。

遗憾的是，用户需要进行一些代码升级才能使用 ttk 库。最重要的是，fg 或 foreground（前景）以及 bg 或 background（背景）选项不再是构造新的标签类或按钮类时调用的参数。需要在样式表中创建一个条目。

```
Style().configure("W.TButton", foreground="red")
super().__init__(root, text="Quit", style="W.TButton")
```

其样式名称的命名：对于按钮，后缀必须 TButton；对于标签，后缀必须是 TLabel，但可在英文句号前为名称添加任何前缀。

响应用户输入

在第 31 章中，使用 input 语句能够获取用户在控制台输入的字符串，也可以通过使用 tkinter GUI 库中的 Entry 字段来实现很多相同的功能。下面给出简单的 tkinter 程序示例。

如果输入用户名字，系统会向你问好。tkinter 程序可完成同样的事情，如图 2-6 所示。

图 2-6 输入用户名字，系统问好

该程序 Yourname.py 创建了录入字段、OK 按钮和两个标签。

```
def build(self):
    root = tk.Tk()
```

```
# top label
Label(root,
      text="""What is your name?""",
      justify=LEFT, fg='blue', pady=10, padx=20).pack()

# create entry field
self.nmEntry = Entry(root)
self.nmEntry.pack()

# OK button calls getName when clicked
self.okButton = Button(root, text="OK", command=self.getName )
self.okButton.pack()

# This is the label whose text changes
self.cLabel = Label(root, text='name', fg='blue')
self.cLabel.pack()
mainloop()
```

OK 按钮调用 getName 方法，该方法从输入字段中获取文本并将其插入到底部标签文本中。

```
# gets the entry field text
# places it on the cLabel text field

def getName(self):
    newName = self.nmEntry.get()
    self.cLabel.configure(text="Hi "+newName+" boy!")
```

两个数字相加

程序 Simplemath.py 读取两个输入数字的字段值，将它们转换为浮点数，并将两个数字的和输出在窗口底部的标签中，如图 2-7 所示。

图 2-7　两个数字的和

生成这个窗口的代码是相同的，只是要获取两个数字并相加求和。OK 按钮调用的函数如下。

```
xval= float(self.xEntry.get())
yval = float(self.yEntry.get())
self.cLabel.configure(text="Sum = "+str(xval+yval))
```

捕获错误

如果输入一些非法值，比如非数字值，程序可捕获异常并给出错误消息提示。

```
try:
    xval= float(self.xEntry.get())
    yval = float(self.yEntry.get())
    self.cLabel.configure(
        text="Sum = "+str(xval+yval))
except:
    messagebox.showerror("Conversion error",
                         "Not numbers")
```

运用 tkinter 中的颜色

tkinter 中命名的颜色有白色、黑色、红色、绿色、蓝色、青色、黄色和洋红色。使用十六进制值可创建所需的任何颜色，格式可以是 #RGB 或 #RRGGBB 或更长的 12 位和 16 位字符串。例如，红色是 #f00，紫色是 #c0f。它可以是十六进制的 0～f 之间的任何数字，与十进制的 0～15 相对应。

在 ttk 工具包中，带有红色字体的退出按钮的程序如下：

```
class QuitButton(DButton):
    def __init__(self, root):
        # also sets Quit to Red
        Style().configure("W.TButton",
                          foreground="red")
        super().__init__(root,
                text="Quit",style="W.TButton")
        self.pack(side=RIGHT, padx=10)

    # calls the quit function and the program exits
    def comd(self):
        quit()
```

创建单选按钮

单选按钮的含义是一次只能选择一个选项，当用户单击选择其中一个按钮时，任何其他按钮都会切换到非选择状态。选择颜色选项，然后单击查询按钮，程序运行，先检查用户选择了哪个按钮，再执行相应的程序。如果用户希望获取多选按钮而非单选按钮，也可以将参数 indicatoron 设置为 0。图 2-8 展示了程序 radiobuttons.py 的运行结果。左图参数设置 indicatioron=1，右图参数设置 indicatoron=0。

当创建一组单选按钮时，即表示将它们全部分配给同一组变量。该组变量类型为 IntVar，这种特殊类型用于访问 tk 图形工具包。每个单选按钮在创建时，都会被分配一个索引值（例如 0、1 或 2）。当单击其中一个按钮，该按钮索引值就会被复制到该组变量中。因此，程序可通过检查当前组变量中的值来判定用户选择了哪个按钮。在程序 Radiobuts.py 中，ChoiceButton 类是 Radiobutton 类的派生类。

```
groupv = tk.IntVar()

ChoiceButton(root, 'Red', 0, groupv)
ChoiceButton(root, 'Blue', 1, groupv)
ChoiceButton(root, 'Green', 2, groupv)
```

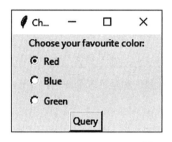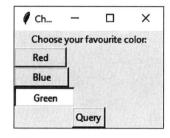

图 2-8　单选按钮

用户还可以通过给组变量赋值来设置选择哪个单选按钮。

```
groupv.set(0)        # Red button selected
groupv.set(None)     # No buttons selected
```

与普通的 Button 类一样，Radiobutton 类可以在单击时接收命令。因此就像在创建 DButton 类时所做的那样，可在创建派生的 ChoiceButton 类时定义它的命令函数。

```
# ChoiceButton is derived from RadioButton
class ChoiceButton(tk.Radiobutton):
    def __init__(self, rt, color, index, gvar,
                                clabel):

        super().__init__(rt, text=color,
                        padx=20, command=self.comd,
                        variable=gvar, value=index)

        self.pack(anchor=W)
        self.root = rt
        self.color = color
        self.index = index
        self.var = gvar
        self.clabel = clabel

# clicks are sent here
def comd(self):
    # change label text and label text color
    self.clabel.configure(fg=self.color,
                        text = self.color)
```

图 2-9 展示了原始单选按钮窗口以及单击单选按钮时标签文本的名称和颜色。

comd 方法使用相同的颜色字符串更改了标签文本和标签颜色。在上面程序中，组变量参数 gvar 被传递给每个单选按钮，上述三种情况的参数均为同一个变量。还有一种更优的解决方法是使用类级别变量来代替上述参数传递。

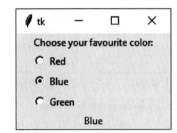

图 2-9 原始单选按钮窗口（上）和显示颜色和颜色名称的窗口（下）

使用类级别变量

如果三个 ChoiceButton 类都引用了同一个变量，那么为什么不把该变量放在类中呢？这比把它放在 main() 函数中的某个随机位置要好很多。我们将 gvar 定义为类级别变量，称为 ChoiceButton.gvar。三个类都只有一个 gvar 变量，并且每个类都可以检查它的状态。

```
class ChoiceButton(tk.Radiobutton):
    gvar = None  # the group var will go here

    def __init__(self, rt, color, index, cLabel):
        super().__init__(rt, text=color,
                         padx=20, command=self.comd,
                         variable=ChoiceButton.gvar,
                         value=index)
        self.pack(anchor=W)
        self.color = color   #button color name
        self.cLabel = cLabel #label to be colored
        self.index = index   # index of button
```

下一步，创建用户界面时设置初始值为 None。

```
# set the group variable inside the class
ChoiceButton.gvar = IntVar()
ChoiceButton.gvar.set(None)
ChoiceButton(root, 'Red',   0, cLabel)
ChoiceButton(root, 'Blue',  1, cLabel)
ChoiceButton(root, 'Green', 2, cLabel)
```

不必将相同的变量传递给 ChoiceButton 类的三个实例，可参考程序 Radioclassbuttons.py。

类之间的通信

尽管响应这些点击操作很容易，但问题是程序的其他部分如何接收到这些选择并做出相应处理？这有点棘手，因为结果存储在 ChoiceButton 的某个实例中。同样，如果单击查询按钮，程序如何执行用户选择的内容？最优的解决方案是采用中介者模式，这将在第四部分中介绍。

使用 grid 布局

grid 布局比 pack 布局更容易使用，它允许将组件以网格的方式排列在窗口中。网格按行和列编号，可以有任意数量的行和列。网格不会在窗口中绘制，并且不含组件的行或列都不会显示。

让我们重新编写与前述 pack 布局功能相同的程序。

```
root=Tk()
root.title("grid")


# create the first label and entry field
lbl1 = Label( text="Name")
lbl1.grid(row=0, column=0, padx=5, pady=5)
entry1 = Entry()
entry1.grid(row=0, column=1)

# and the second
lbl2 = Label( text="Address")
lbl2.grid(row=1, column=0, padx=5, pady=5)
entry2 = Entry()
entry2.grid(row=1, column=1, padx=5)


root.mainloop()
```

相比于使用 pack 布局创建窗口，使用 grid 布局不需要用户创建任何框架，并且操作更简单。请访问程序示例 gridoptions.py。

可见图 2-10 中的顶部窗口与图 2-5 中的窗口之间存在细微差别：图 2-10 中的名称和地址标签没有左对齐。在 grid 布局中使用黏性装饰器可指定网格单元中组件的位置。通过调用如下两个网格方法，可将标签放置在网格单元的左侧。

```
lbl1.grid(row=0, column=0, padx=5, pady=5, sticky=W)
lbl2.grid(row=1, column=0, padx=5, pady=5, sticky=W)
```

图 2-10 展示了其右侧窗口中的结果。

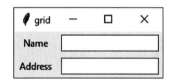 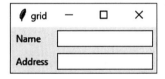

图 2-10　无 sticky=W（左图）和有 sticky=W（右图）的 grid 布局

创建复选按钮

复选按钮用于选择一个或多个选项。图 2-11 中的 Pizza 菜单就使用了复选按钮并使用了 gird 布局。

图 2-11 设置 6 行 2 列，第 2 列的第 4 行是 Order 按钮。那么程序是如何实现的呢？如何知道选中了哪些选项？Checkbutton 组件的操作与 Radiobuttons 组件非常相似，每个按钮都要关联一个 IntVar 对象。与 Radiobutton 组件不同，Checkbutton 组件中的按钮组会引用不同的 IntVar 对象，必须为每个 Checkbutton 组件创建一个 IntVar 对象。

图 2-11　复选按钮

另外，还需要管理这些复选按钮并让 Order 按钮知道这个列表并找出哪些选项被选中。创建这个程序分两个步骤，第一步是创建一个从 Checkbutton 类派生的类，即 Checkbox 类。

```
""" Checkbox class derived from Checkbutton
includes get methods to get the name var state"""
class Checkbox(Checkbutton):
    def __init__(self, root, btext, gvar):
        super().__init__(root, text=btext,
                         variable=gvar)
        self.text=btext
        self.var = gvar

    def getVar(self):
        return self.var.get()  # get value stored
```

这个 Checkbox 类包含两个 get 方法：一个用于读取相关联的 IntVar 变量的值，另一种用于获取 Checkbox 类的标题字符串。

首先，创建复选框名称列表，并循环创建相关联的 IntVar 变量和 Checkbox 数组实现此操作。以下是名称数组。

```
self.names = ["Cheese","Pepperoni","Mushrooms",
            "Sausage","Peppers","Pineapple"]
```

下面让我们使用这些名称来创建复选框数组。实现很简单，仅需确保为每个 Checkbox 类创建一个单独的 IntVar 变量。

```
boxes=[]                 #list of check boxes stored here
r = 0
for name in self.names:
    var=IntVar()                    # create an IntVar
    cb = Checkbox(root, name, var)  # create checkbox
    boxes.append(cb)                # add it to list
    cb.grid(column=0, row=r, sticky=W) # grid layout
    r += 1                          # row counter
```

其次，创建 Order 按钮。当单击此按钮时，希望看到一个已订购的配料列表。但是，这个按钮如何知道订单的信息呢？此处使用一个额外的参数对 OKButton 进行子类化，将 boxes 列表的信息传递给此按钮。

```
# Create the Order button and give it

# the list of boxes
OKButton(root, boxes).grid(column=1, row=3, padx=20)
```

OKButton 存储了列表框的引用，可在被单击时打印订单。这个派生的 OKButton 类与之前创建的按钮类一样，有自己的 comd 方法并在点击按钮时被调用，它打印输出复选框标签并确认该选项是否被选中。

```
class OKButton(Button):
    def __init__(self, root, boxes):
        super().__init__(root, text="Order")
        super().config(command=self.comd)
        self.boxes= boxes     # save list
                              # of checkboxes
    # print out the list of ordered toppings
    def comd(self):
        for box in self.boxes:
            print (box.Text, box.getVar())
```

列表输出顺序如下：

```
Cheese 1
Pepperoni 0
Mushrooms 0
Sausage 1
Peppers 1
Pineapple 0
```

禁用复选框

有时希望阻止点击复选框中的某些选项，可用程序 checkboxes. py 实现，如图 2-12 所示。图 2-12 中 Pineapple（菠萝）选项呈现为灰色不可选。执行此操作的代码是 Checkbox 类的一部分。

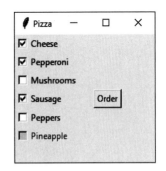

```
# Internet joke about Pineapple on pizza
if self.text == "Pineapple":
    #prevent Pineapple on pizza
    self.configure(state=DISABLED)
```

也可以使用如下语句实现。

```
btn['state']=DISABLED
```

图 2-12 复选框

无论哪种方式，都可以通过以下任一方法重新调用按钮或其他组件。

```
btn['state'] = tk.NORMAL
btn.configure(state=NORMAL)
```

在窗口中添加菜单项

当开发具有多个选项的程序时，使用菜单组件非常合适。Python 的菜单组件很容易实现此功能。

假设创建如下形式的菜单：

Flle		Draw	
New		Circle	
Open		Square	
Exit			

创建上述菜单的 Menus.py 程序如下：

```python
# create the menu bar
menubar = Menu(root)
root.config(menu=menubar)
root.title("Menu demo")
root.geometry("300x200")
filemenu = Menu(menubar, tearoff=0)
menubar.add_cascade(label="File", menu=filemenu)

filemenu.add_command(label="New", command=None)
filemenu.add_command(label="Open", command=None)
filemenu.add_separator()
filemenu.add_command(label="Exit", command=None)

drawmenu = Menu(menubar, tearoff=0)
menubar.add_cascade(label="Draw", menu=drawmenu)
drawmenu.add_command(label="Circle", command=None)
drawmenu.add_command(label="Square", command=None)
```

图 2-13 展示了程序 Menus.py 的运行结果。

图 2-13　Menus.py 的运行结果

当然，这个简单的程序跳过了菜单项命令的执行部分，略过其中的复杂内容。

如果只有三个菜单项，可以简单创建三个按钮并调用三个函数实现，这并不会使程序变混乱。但如果有十多个或更多的菜单项，这种调用过多函数的方式并非面向对象的编程。

程序的顶层不应该出现所有的函数，函数是对象的一部分。在理想情况下，每个类应该处理其中一个菜单命令。这与在讨论按钮时的问题相同。将按钮相关的执行命令放在 Button 类中，是更好的编程方法。这些类非常通用，可以在任何地方使用它们来创建菜单。

创建菜单项至少需要以下类。

❑ Menubar 类。

❑ 包含菜单项名称的 Topmenu 类。

❑ 一种将菜单命令添加到该菜单的方法。

❑ 为每个菜单项创建基本的 MenuCommand 类。

Menubar 类是 Menu 类的子类，创建 Menubar 类的代码如下：

```
# creates the menu bar
class Menubar(Menu):
    def __init__(self, root):
        super().__init__(root)
        root.config(menu=self)
```

Topmenu 类代表每个菜单的顶部。

```
# this class represents the top menu item in each column
class TopMenu():
    def __init__(self, root, label, menubar):
        self.mb = menubar
        self.root = root
        self.fmenu = Menu(self.mb, tearoff=0)
        self.mb.add_cascade(label=label, menu=self.fmenu)

        def addMenuitem(self, mcomd):
            self.fmenu.add_command(label = mcomd.getLabel(),
                        command = mcomd.comd)

        def addSeparator(self):
            self.fmenu.add_separator()
```

下列代码从一个基类开始并从中派生所有其他类，为每个菜单项创建子类。

```
# abstract base class for menu items
class Menucommand():
    def __init__(self, root, label):
        self.root = root
        self.label=label
    def getLabel(self):
        return self.label

    def comd(self): pass
```

下列代码将 comd 方法写入派生类。

```
# exits from the program
class Quitcommand(Menucommand):
    def __init__(self, root, label):
```

```
        super().__init__(root, label)

    def comd(self):
        sys.exit()
```

使用 sys.exit() 方法能确保程序退出前关闭所有内容。

File|Open 菜单命令稍微复杂一些。在这个小程序中，实际上没有打开任何文件的需要，但我们会去除路径，只保存文件名，并在标题栏中显示。

```
# menu item that calls the file open dialog
class Opencommand(Menucommand):
    def __init__(self, root, label):
        super().__init__(root, label)

 def comd(self):
        fname= filedialog.askopenfilename(
                title="Select file")

        # check for nonzero string length
        if len(fname.strip()) > 0:
            nameparts = fname.split("/")

    # find the base file name without the path
            k = len(nameparts)
            if k>0 :
                fname = nameparts[k-1]
                    self.root.title(fname)
```

在图 2-13 中的 Draw 菜单项下，要绘制圆形和方形，需将 Canvas 对象传递给菜单项。

```
# draws a circle
class Drawcircle(Menucommand):
    def __init__(self, root, canvas, label):
        super().__init__(root, label)
        self.canvas = canvas

    def comd(self):
        self.canvas.create_oval(130, 40,
                200, 110, fill="red")
```

创建菜单命令（Menucommand）项并将它们添加到 Topmenu 类，面向对象形式的 Objmenus.py 程序如下：

```
menubar = Menubar(root)

#create the File menu and its children
filemenu = TopMenu(root, "File", menubar)
filemenu.addMenuitem(Menucommand(root, "New"))
filemenu.addMenuitem(Opencommand(root, "Open"))

filemenu.addSeparator()
```

```
filemenu.addMenuitem(Quitcommand(root, "Quit"))


# create the Draw menu and its children
drawmenu= TopMenu(root, "Draw", menubar)
drawmenu.addMenuitem(Drawcircle(root, canvas,
                    "Circle"))

drawmenu.addMenuitem(Drawsquare(root, canvas,
                    "Square"))
```

图 2-14 展示了程序 Objmenus.py 的运行结果。

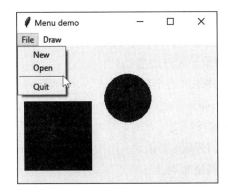

图 2-14 菜单栏、菜单和画布上的两个图形元素

请注意，当创建 File|New 菜单项时，使用了基类 MenuCommand 类，其中包含一个空的 comd() 方法。这么做是因为本章并没有执行 New 方法，它超出了本示例的范围。

使用 LabelFrame 组件

LabelFrame 组件与 Frame 组件类似，不同之处在于 LabelFrame 组件能够添加标签作为框架的一部分，程序 LabelFrameTest.py 的运行结果如图 2-15 所示。

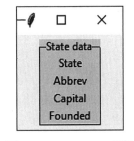

图 2-15 LabelFrame 组件

```
# style required if used on Windows 10
    style = Style()
    style.theme_use('alt')

    # create LabelFrame
    labelframe = LabelFrame(root, text="State data",
                            borderwidth=7, relief=RAISED)
    labelframe.pack(pady=5)
    # add 4 labels
    Label(labelframe, text="State").pack()
    Label(labelframe, text="Abbrev").pack()
```

```
Label(labelframe, text="Capital").pack()
Label(labelframe, text="Founded").pack()
```

　　由于 Python 3.6、3.7 和 3.8 中的一处缺陷，除非包含上述程序中的"alt"声明语句，否则框架的显示效果在 Windows 10 平台将很不清晰。对于边框，GROOVE、FLAT、RAISED 和 RIDGEGROOVE 选项为默认设置；图 2-15 展示了边框设置为 RAISED 选项结果。

GitHub 中的程序

❏ Hellobuttons.py：第一个按钮程序。

❏ Derived2buttons.py：按钮子类。

❏ Messageboxes.py：消息框及文件窗口程序。

❏ Yourname.py：输入和显示用户姓名。

❏ Simplemath.py：输入并添加两个数字。

❏ Packoptions.py：使用 pack 方法。

❏ Radiobuts.py：单选按钮程序。

❏ Radioclassbuttons.py：使用类变量。

❏ Gridoptions.py：使用网格布局。

❏ Checkboxes.py：复选按钮扩展。

❏ Menus.py：菜单程序。

❏ Objmenus.py：面向对象的菜单程序。

❏ LabelFrameTest.py：Labelframe 组件程序。

❏ Disable.py：启用和禁用按钮。

数据表格的可视化编程

本章将介绍几种数据列表的表示方法。我们将首先编写，可轻松读取美国所有州、州首府和人口数据的程序。该程序读取数据的结果以如下形式展示。

```
Alabama, AL, 1819, Montgomery
Alaska, AK, 1960, Juneau
Arizona, AZ, 1912, Phoenix
Arkansas, AR, 1836, Little Rock
California, CA, 1850, Sacramento
```

完整的数据文件包含 50 行逗号分隔的数据。可以一次读取所有数据，也可以一次将数据全部读取到数组中。以下程序使用第二种方法。

```python
class StateList():
    def __init__(self, stateFile):

        # read all lines into the contents
        with open(stateFile) as self.fobj:
            self.contents = self.fobj.readlines()
```

现在 contents 变量包含一个字符串数组。下面对 contents 变量进行解析并为数组每一个元素创建一个状态对象。

```python
self._states = []                #create empty list
for st in self.contents:
    if len(st)>0:
        self.state = State(st)   #create State object
        self._states.append(self.state) #add to list
```

在 State 类中解析各州字符串，用逗号分隔符将州数据分开，并将每个字符串存储在类内部变量中。

```
class State():
    def __init__(self, stateString):
        # split the string into tokens

        self._tokens = stateString.split(",")
            self._statename = "" # default if empty
        if len(self._tokens) > 3:
            self._statename = self._tokens[0]
            self._abbrev = self._tokens[1]
            self._founded = self._tokens[2]
            self._capital = self._tokens[3] # cap
```

除了 State 变量的访问函数，上述代码是程序的主体部分。本质上，StateList 类创建 State 对象的列表（数组）。程序的其余部分代码实现数据的显示。

创建列表框

列表框是一个字符串列表，可以单击选择一个字符串。我们可以快速创建一个关于州的列表框，程序如下：

```
class BuildUI():
    def __init__(self, root, slist):
        self.states= slist
        self.listbox = Listbox(root, selectmode=SINGLE)
        self.listbox.grid(column=0, row=0, rowspan=4, padx=10)
        for state in self.states:
            self.listbox.insert(END, state.getStateName())
```

此列表框显示在第 1 列并跨越多行。slist 变量包含 State 对象的列表。列表框中录入了每个州的名称字符串。选择模式可以是单选（SINGLE）、浏览（BROWSE）、多选（MULTIPLE）或扩展（EXTENDED），最常见的选择模式为单选模式。浏览模式允许用户通过鼠标移动选择。多选模式允许同时选择多个州。扩展模式允许借助 Shift 键和 Control 键同时选择多个州。图 3-1 展示了此程序的基本列表框。

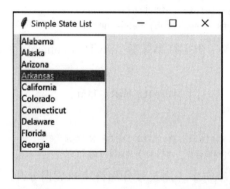

图 3-1 参数设置为单选（selectmode= SINGLE）情况下的基本列表框

基本列表框不包含滚动条，可以通过鼠标的滚动轻松翻看上下内容。给列表框添加滚动条也并不复杂，代码如下：

```
# set up the scroll bar
scrollBar = Scrollbar(root)
# connect to listbox
scrollBar.config(command=self.listbox.yview)


# stretch to top and bottom
scrollBar.grid(row=0, column=1, rowspan=4,
               sticky="NS")
# connect scrollbar y movement to listbox
self.listbox.config(yscrollcommand=scrollBar.set)
```

添加滚动条程序的运行结果如图 3-2 所示。

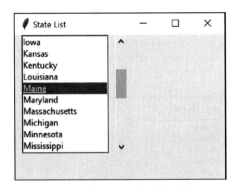

图 3-2 包含滚动条的列表框

显示状态数据

为了实现单击州名字即可显示州数据，需要两个步骤。首先，在窗口右侧显示单击结果的区域创建一系列标签字段。

```
# create 4 labels on right
self.lbstate = Label("")
# one red one
self.lbabbrev = Label(root, text="",
            foreground="red")

self.lbcapital = Label("")
self.lbfounded = Label("")

self.lbstate.grid(column=2, row=0, sticky=W) #left
self.lbabbrev.grid(column=2, row=1, sticky=W)
self.lbcapital.grid(column=2, row=2, sticky=W)
self.lbfounded.grid(column=2, row=3, sticky=W)
```

然后，拦截列表框中的单击事件并将其发送给一个回调函数，该回调函数在单击动作发生时被激活。相关操作在 BuildUI 类中实现，避免影响全局变量。

```
self.listbox.bind('<<ListboxSelect>>', self.lbselect)
```

将事件绑定到回调函数。在线 Python 文档列出了每个组件上可能发生的所有事件。在这个示例中，我们将选择事件绑定到 lbselect 方法，然后用 lbselect 方法可很容易地找到列表框中被选中的选项索引，并查找相关州对象，提取对象上的值。最后，程序将州名称复制到标签文本中，输出结果如图 3-3 所示。

```
def lbselect(self, evt):
    index = self.listbox.curselection()  # tuple
    i= int(index[0])          # this is the actual index
    state = self.states[i]    # get state from list
    self.loadLabels(state)

def loadLabels(self,state):
    # fill in the labels from that state
    self.lbstate.config(text=state.getStateName())
    self.lbcapital.config(text=state.getCapital())
    self.lbabbrev.config(text=state.getAbbrev())
    self.lbfounded.config(text=state.getFounded())
```

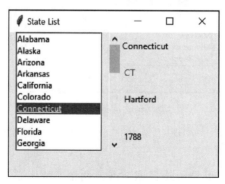

图 3-3　列表框和滚动条，以及所选州的详细信息

有一种方法可以在不进行滚动操作的情况下，让列表内容自动跳转到按字母顺序排列相关内容。可在窗口添加一个输入字段并查找该字段开头字母为开头的第一个州。

```
self.entry=Entry(root)     # create entry field
self.entry.grid(column=0, row=4, pady=4)
self.entry.focus_set()     # set the focus to it
# bind a keypress to lbselect
self.entry.bind("<Key>", self.keyPress)
```

keyPress 方法从事件字段中获取字符，并将其转换为大写，然后扫描状态列表以查找第一个匹配项。如果找到匹配项，则将列表框索引设置为该行，程序运行结果如图 3-4 所示。

```
def keyPress(self, evt):
    char = evt.char.upper()
    i=0
```

```
found= False
# search for state starting with char
while (not found) and (i< len(self.states)):
    found =self.states[i].getStateName().startswith(char)
    if not found:
        i = i+1
 if found:
    state = self.states[i]          # get the state
    self.listbox.select_clear(0, END)   # clear
    self.listbox.select_set(i)   # set selection
    self.listbox.see(i)              # make visible
    self.loadLabels(state)        # load labels
```

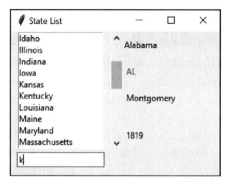

图 3-4　列表框和输入字段，可跳转到任何选定的字母开头的位置

使用组合框

组合框是输入字段和下拉列表的组合。在组合框中输入字段中键入或从列表中选择一个选项，无论哪种操作，combo.get() 方法都会返回选定的字符串。

加载组合框比加载列表框更简单，只需将数组名称传递给组合框。

```
names=[]
for s in self.states:
    names.append(s.getStateName())


#add list to combo box
self.combo = Combobox(root, values=names)
self.combo.current(0)
self.combo.bind('<<ComboboxSelected>>',
                        self.onselect)
self.combo.grid(column=0, row=0, rowspan=8, padx=10)
```

单击州将调用 onselect 方法，该方法会加载州数据：

```
def onselect(self, evt):
    index = self.combo.current()
    state = self.states[index]
    self.loadLabels(state)
```

如果将 combo.current 设置为零或大于零的数字，则选择组合框中相应行，并将该行内容复制到输入字段中。如果将该值设置为 None，则输入框内容为空如图 3-5 所示。

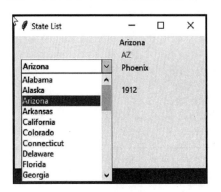

图 3-5　组合框当前设置小于 0（上图）与组合框当前设置为 0（下图）

树视图组件

用户可以使用树视图（Treeview）组件查看嵌套数据或表格数据。无论哪种选择，树视图都非常方便。

树视图表格由顶部的标题行和后面的数据行组成。最左边的列被命名为"#0"，此列内容可以是行标签，也可以是行数据。当然，行数据也可以是其他任意行的子行，可将表格数据构建成一棵树。

首先为州信息创建列。

```
# create columns
tree["columns"] = ("abbrev", "capital", "founded")

tree.column("#0", width=100, minwidth=100,
    stretch=NO) # left column is always #0
tree.column("abbrev", width=50, minwidth=50,
    stretch=NO)
tree.column("capital", width=100, minwidth=100,
    stretch=NO)
tree.column("founded", width=70, minwidth=60,
    stretch=NO)
```

这里只创建了三个命名列，因为州名称位于左侧的 #0 列中。定义列的宽度时，设置参数 STRETCH=NO，以防止在树视图中列被加宽。上述程序保持列宽度为 50 像素。

其次，创建实际标题。请注意，列之前已经命名，现在需要将标题放在命名列中，并使用大写的标题名称。

```
# create headings
tree.heading('#0', text='Name') # column 0 = names
```

```
tree.heading('abbrev', text='Abbrev')
tree.heading('capital', text='Capital')
tree.heading('founded', text='Founded')
```

最后插入数据行。

```
tree.insert(node, rownum, text=col0txt, values=("one", "two", "three"))
```

如果在主行插入，则节点为空白。#0 列的文本赋值通过 "text=" 完成。其余列的赋值通过 "values=" 完成。

```
tree.insert("", 1, text="California", values=("CA",
       "Sacramento", "1845"))
tree.insert("", 2, text="Kansas", values=("KS",
       "Topeka", "1845"))
```

图 3-6 展示了上述程序运行结果。

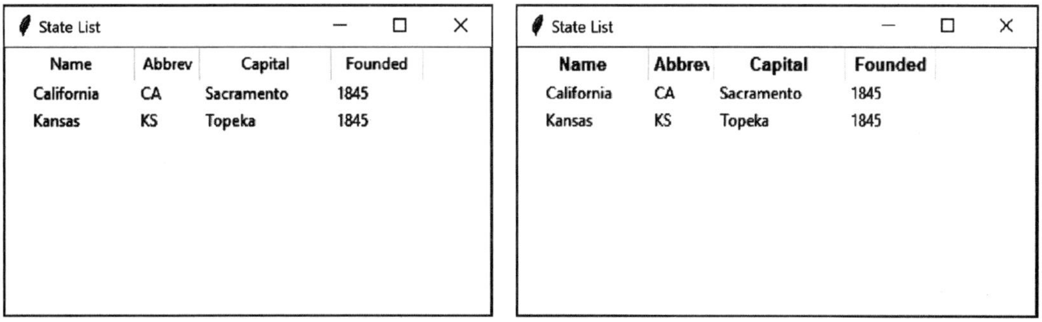

图 3-6　普通树视图（上）与粗体标题树视图（下）

标题行以粗体显示很常见，这可以通过 Style 声明实现。

```
style = ttk.Style()
style.configure("Treeview.Heading",
       font=(None, 10, "bold"))
```

字体声明的技巧是设置字体大小和粗体，但不更改当前字体，结果如图 3-6 所示。

插入树节点

若希望创建树而不是表格，则可通过保存该行的节点数据然后再插入该节点来实现。

```
folderCa= tree.insert("", 1, text="California",
       values=( "CA", "Sacramento", "1845"))
tree.insert(folderCa, 3, text="",
       values=(" ","pop=508,529"))
```

上述程序运行结果是会在 California 节点行的旁边增加一个可扩展标记 ⊞ 号，单击该 ⊞ 号展开树。请注意，可以在 Capital 下插入人口数据，如图 3-7 所示。

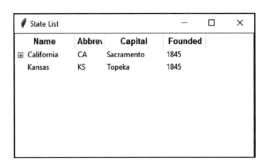 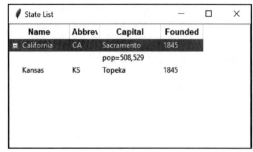

图 3-7 折叠页节点（左图）与展开页节点（右图）的树视图

使用在前面示例中开发的 States 数组显示各州信息，显示如图 3-8 所示。

```
i=1
for state in self.states:
    self.tree.insert("", i,
                     text=state.getStateName(),
                     values=( state.getAbbrev(),
                     state.getCapital(),
                     state.getFounded()))
    i += 1
```

图 3-8 以树视图表格展示各州信息

GitHub 中的程序

将数据文件（States.txt）放在与 Python 程序文件相同的文件夹中。在 VSCode 或 PyCharm 开发环境下，需同时确保所有的程序文件都归属同一个项目。

❑ States.txt：上述列表示例的数据文件。

❑ SimpleList.py：基本的列表框。

❑ StateListScroll.py：含滚动条的列表框。

❑ StateListBox.py：含输入字段的列表框。

❑ StateDisplayCombo.py：组合框展示。

❑ TreeTest.py：可扩展节点的树。

❑ TreeStates.py：含所有州、首府和建立时间的树。

第 4 章 *Chapter 4*

设 计 模 式

当你凝视电脑屏幕，琢磨着如何实现新的程序功能时，你不仅在想将使用哪些数据和哪些对象，更在想如何以更优雅、更通用的方式来实现这个程序。你在脑海中构思代码的功能以及代码之间的交互，并勾画出整体解决方案，然后才会着手编写代码。

最佳的整体解决方案应当具有高重用性和高可维护性，由此设计模式越来越受到重视，它能满足对精致、简单且可重用的解决方案的需求。设计模式这个词对于初学者来说听起来有点陌生，它是在项目和程序员之间重用面向对象代码的便捷方法。设计模式的理念很简单：程序员经常发现，将对象之间的常用交互记录下来并做好分类，对编程非常有帮助。

早期编程框架的文献中经常引用的一种模式是 Smalltalk 的"数据模型 – 视图 – 控制器"框架（Krasner 和 Pope，1988 年），它将用户界面分为数据模型（包含程序的计算部分）、视图（用户界面显示），以及控制器（用户和视图之间的交互控制），如图 4-1 所示。

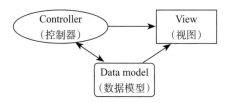

图 4-1　数据模型 – 视图 – 控制器框架

用户界面的每个方面都是一个单独的对象，并且每个方面都有自己的数据管理准则。应该谨慎控制用户、GUI 和数据之间的通信，因此需要让三者的功能相互独立。

换句话说，设计模式描述了对象之间如何在不干扰彼此数据模型和方法的情况下进行通信。保持这种独立一直是面向对象编程的目标。

设计模式在 20 世纪 90 年代初期被 Erich Gamma 正式认可，他描述了 GUI 应用程序框架 ET++ 中包含的模式。这些讨论和一系列技术会议的高潮是 Gamma、Helm、Johnson 和 Vlissides 编著的 *Design Patterns: Elements of Reusable Software*。这本畅销书对程序员产生了巨大的影响。它包含多种常见且通用的设计模式，以及如何和何时应用它们的注释。

后来也有许多类似的书籍出版，其中包括流行的 *Java Design Patterns: A Tutorial* 和 *C# Design Patterns: A Tutorial*。Rhodes 建立了一个 Phython 设计模式网站，该网站内容描述了 Python 如何运用设计模式。

定义设计模式

设计模式是常用的算法，它描述了类之间的通信的简便方法。模式的探索过程称为模式挖掘。

Design Patterns: Elements of Reusable Software 中设计模式已被广泛应用，这些设计模式分为创建型模式、结构型模式和行为型模式三类。

❑ 创建型模式为用户创建对象，而不是让用户直接实例化对象。程序能够在给定情况下灵活决定需要创建哪些对象。

❑ 结构型模式可帮助用户将若干对象组合成更大的结构，例如复杂的用户界面或费用计算数据。

❑ 行为型模式可帮助定义系统中对象之间的通信，并控制复杂程序的流程。

学习步骤

设计模式的学习分为接受、识别和领悟。首先接受设计模式；然后识别设计模式以决定何时可以使用该它们；最后领悟设计模式，以了解哪些模式可以帮助解决给定的设计问题。

面向对象方法说明

使用设计模式可保持类分离，并防止它们彼此"了解"太多。同等重要的是，使用设计模式可以借鉴其他程序员的经验，从而更简捷地描述编程方法。

面向对象的方法使用许多策略来实现类分离，其中包括封装和继承。几乎所有具有面向对象功能的语言都支持继承。从父类继承的类可以访问该父类的所有方法，还可以访问父类所有变量。但是，通过一个完整的工作类开始继承层次结构，可能会过度限制程序的功能。使用设计模式可对接口进行编程而不是对最终的实现方式进行编程。

更简捷地说，使用抽象类或接口来定义任何类的层次结构的顶层，不具体实现任何方法，而是定义类将要支持的方法。

Python 不直接支持接口，但它允许编写抽象类。例如 DButton 类的 comd 接口。

```python
class DButton(Button):
    def __init__(self, master, **kwargs):
        super().__init__(master, **kwargs)
        super().config(command=self.comd)

    # abstract method to be called by children
    def comd(self): pass
```

这是抽象类的一个很好的程序示例，在派生按钮（DButton）类中用户定义具体实现命令的方法。它也是命令模式的一个程序示例。

面向对象的另一个主要方法是对象组合，我们已经在 Statelist 程序示例中展示了这种方法。对象组合只是构建包含其他对象的对象——将多个对象封装在另一个对象中。初次学习面向对象的方法倾向于使用继承来解决所有问题，但是当开始编写更复杂的程序时，对象组合的优势就变得明显了。因此，建议优先使用对象组合而不是继承。

接下来的章节将讨论用 Python 编写 23 种经典设计模式，并至少为每种模式提供一个示例程序。

参考文献

[1] Erich Gamma, *Object-Oriented Software Development based on ET++,* (in German) (Springer-Verlag, Berlin, 1992).

[2] Erich Gamma, Richard Helm, Ralph Johnson, and John Vlissides, *Design Patterns, Elements of Reusable Object-Oriented Software* (Reading, MA: Addison-Wesley, 1995).

[3] James Cooper, *Java Design Patterns: A Tutorial* (Boston: Addison-Wesley: 2000).

[4] James Cooper, *C# Design Patterns: A Tutorial* (Boston: Addison-Wesley, 2003).

[5] Brandon Rhodes, "Python Design Patterns," https://python-patterns.guide.

第二部分 *Part 2*

创建型模式

所有创建型模式都涉及创建对象实例的方法，以使程序不赖于对象的创建和排列方式。在 Python 中，创建对象实例的最简单方法是创建该类的变量。

```
fred = Fred()          # instance of Fred class
```

在许多情况下，将创建过程抽象为一个特殊的"创建者"类可以让程序更加灵活和通用。

- ❑ 工厂模式提供了一个简单的决策类，该类根据提供的实际数据返回抽象基类的几个子类之一。
- ❑ 抽象工厂模式提供了接口以便创建和返回几个相关对象之一。
- ❑ 生成器模式将复杂对象的构造与其表述分离，以便可以根据程序的需要采用不同的表述。
- ❑ 原型模式从一个实例化的类开始，复制它以创建新的实例，然后可以通过这些类的公共方法进一步定制实例。
- ❑ 单例模式定义了一个不能有多个实例的类。它提供对该实例的单一全局访问点。

工 厂 模 式

我们在面向对象程序中反复看到的一种模式是工厂（Factory）模式或工厂（Factory）类。工厂模式根据决策类提供的实际数据返回抽象基类的几个类之一。通常，它返回的所有类都有一个公共父类和公共方法，但每个类执行的任务不同，并且针对不同类型的数据进行了优化。

工厂模式基础不属于 23 种设计模式之一，但它是工厂方法模式的基础。

工厂模式简介

下面介绍使用 Factory 类的简单示例。假设有一个输入用户的名字表单，显示格式可以为"名字，姓氏"或者是"姓氏，名字"。为了简化这个示例，通过姓氏和名字之间的逗号来决定名字的顺序。图 5-1 为这个简单示例的示意图。

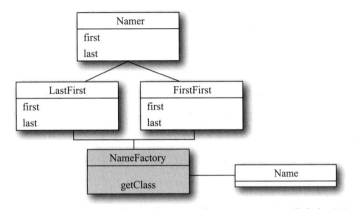

图 5-1　LastFirst 类和 FirstFirst 类派生自 Namer 类，NameFactory 类决定返回二者之一

在图 5-1 中，Namer 类是基类，LastFirst 类和 FirstFirst 类是它的派生类。NameFactory 类决定返回这些子类中的哪一个，这取决于输入的参数。getClass 方法被定义为输入一些参数值，并返回 Namer 类的一些实例。程序员并不关心返回的类，因为使用相同的方法，只是实现方式不同。决定返回哪一个类完全取决于 NameFactory 类。

定义基类

返回"二者之一"的判定是一种非常简单的判定，可以在单个类中使用简单的 if 语句实现。但是此处用它来说明工厂模式是如何工作的以及它可以带来什么。下面先定义一个简单的基类 Namer 类，它接收一个字符串并将其（以某种方式）拆分为名字和姓氏。

```
#base Namer class
class Namer():
    def __init__(self):
        self.last=""
        self.first=""
```

在这个 Namer 类中，不计算任何名称，但为名字和姓氏提供了占位符。将其拆分后的名字和姓氏存储在字符串 first 和 last 中，以便子类可以访问它们。在这个简单的示例中，不需要 getter 和 setter 方法访问类的变量 first 和 last。

两个子类

下面编写两个非常简单的子类，在构造函数中将姓氏和名字分成两部分。在 FirstFirst 类中，假设最后一个空格之前的所有内容都是名字的一部分。

```
#derived namer class for First <space> Last
class FirstFirst(Namer):
    def __init__(self, namestring):
        super().__init__()
        i = namestring.find(" ")      #find space
        if i > 0 :
            names = namestring.split()
            self.first = names[0]
            self.last = names[1]
        else:
            self.last = namestring
```

在 LastFirst 类中，假设逗号为姓氏分隔符。在这两个类中，还提供错误恢复，以防空格或逗号不存在。

```
#derived Namer class for Last <comma> First
class LastFirst(Namer):
    def __init__(self, namestring):
        super().__init__()
```

```
        i = namestring.find(",")  # find comma
        if i > 0 :
            names = namestring.split(",")
            self.last = names[0]
            self.first = names[1]
        else:
            self.last = namestring
```

创建简单的工厂模式

Factory 类实现的确非常简单。以下程序只是测试是否存在逗号，然后返回一个类或另一个类的实例。

```
class NamerFactory():
    def __init__(self, namestring):
        self.name = namestring
    def getNamer(self):
        i = self.name.find(",") #if it finds a comma
        if i>0:
            #get the LastFirst class
            return LastFirst(self.name)
        else:  # else get the FirstFirst
            return FirstFirst(self.name)
```

使用工厂模式

下面创建了获取姓名字符串的程序，可直接通过 Factory 类获取正确的 Namer 类。

```
class Builder:
    def compute(self):
        name = ""
        while name != 'quit':
            name = input("Enter name: ") # get entry
            # get the Namer Factory
            # and then the namer class
            namerFact = NamerFactory(name)
            # get namer
            namer = namerFact.getNamer()
            # print out split name
            print(namer.first, namer.last)

def main():
    bld = Builder()
    bld.compute()
```

实际程序按预期设计工作，查找到逗号或空格并分成两个字符串：

```
Enter name: Sandy Smith
 Sandy Smith
Enter name: Jones, Doug
```

```
 Doug Jones
Enter name: quit
 quit
```

输入一个姓名，然后单击"Compute"按钮，姓氏和名字将出现在下一行。该程序的关键是获取文本、获取 Namer 类的实例并打印输出结果。

简单的用户界面

使用 tkinter 构建一个简单的用户界面，按任意顺序输入姓名并查看分开显示的名字和姓氏，如图 5-2 所示。

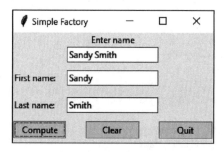

图 5-2　简单的用户界面

工厂模式的基本原则：创建一个抽象类来决定返回几个类之一；然后，调用该类实例的方法，无须知道实际使用的是哪个子类。这种方法将数据依赖的问题与类具体方法分开。

数学运算中的工厂模式

工厂模式被视为简化复杂编程类的工具，但是也可以用于简单的数学计算。例如，在快速傅里叶变换（FFT）中，用户进行数组运算时，对大量的点对重复使用以下四个方程：

$$R_1' = R_1 + R_2\cos(y) - I_2\sin(y)$$
$$R_2' = R_1 - R_2\cos(y) + I_2\sin(y)$$
$$I_1' = I_1 + R_2\sin(y) + I_2\cos(y)$$
$$I_2' = I_1 - R_2\sin(y) - I_2\cos(y)$$

但是，在每次传递数据的过程中，角度 y 很可能为 0。在这种情况下，复杂数学计算会简化为以下四个方程：

$$R_1' = R_1 + R_2$$
$$R_2' = R_1 - R_2$$
$$I_1' = I_1 + I_2$$
$$I_2' = I_1 - I_2$$

然后创建一个简单的工厂类来决定返回哪个类实例。

```
class Cocoon():
    def getButterfly(self, y:float):
        if y !=0:
            return TrigButterfly(y)
        else:
            return AddButterfly(y)
```

GitHub 中的程序

- ❑ NamerConsole.py：Namer 工厂的控制台版本。
- ❑ NameUI.py：图形用户界面方式展示 Namer 工厂。
- ❑ Cocoon.py：工厂模式的简单原型。

问题思考

1. Quicken 是个人支票簿管理程序，它管理多个银行账户和投资项目，并可以帮助用户进行账单支付。设计这样的程序，将在哪里使用工厂模式？

2. 编写程序以帮助房主设计他们房屋的附加设施。工厂模式可以用来生成哪些对象？

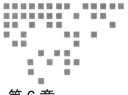

Chapter 6 第 6 章

工厂方法模式

工厂模式在面向对象编程中反复出现，单个类决定单个层次结构中的哪个子类将被实例化。

工厂方法模式是工厂模式的扩展，一个父类不能决定实例化哪个子类，而是将决策权交给每个子类。但这种模式也并不是直接选择一个子类，而是定义一个抽象类，该类让每个子类决定创建哪个对象。

以游泳比赛中运动员的赛道排位方式为例。在一场赛事中，游泳选手完成几次预赛后，按照成绩由慢到快进行排序，在接下来的比赛中，把成绩最快的运动员安排在中心泳道上。这种确定泳道的方式称为直接排位。为了比赛更公平，会使用循环排位的方式分配泳道：最快的选手被安排在中心泳道上，第二快的选手被安排在相邻的泳道上，依此类推。

构建若干对象来实现 6.1 的工厂方法模式。并对工厂方法进行说明，首先，创建一个抽象的 Event 类。

```python
class Event():
    # place holders to be filled in actual classes
    def getSeeding(self): pass
    def isPrelim(self): pass
    def isFinal(self): pass
    def isTimedFinal(self): pass
```

注意将 pass 语句放在同一行以简化代码，避免混乱。

Event 类简单地定义了方法，无须具体实现。然后从 Event 类中派生出具体的类，称为 PrelimEvent 类和 TimedFinalEvent 类，它们的区别是一种返回某类种排位实例，另一个返回不同类型的排位实例。

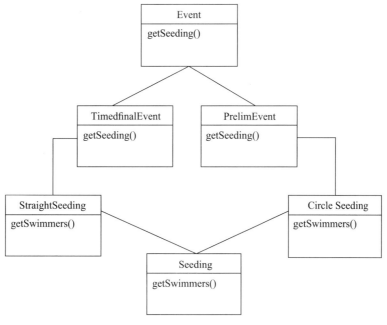

表 6-1　工厂方法模式

另外定义抽象的 Seeding 类，它包含 getSwimmers 方法。

```
class Seeding:
    def getSwimmers(self): pass
```

然后创建两个具体的 Seeding 类的子类：StraightSeeding 类和 CircleSeeding 类。PrelimEvent 类将返回一个 CircleSeeding 实例，而 TimedFinalEvent 类将返回一个 StraightSeeding 实例。由此可见，程序包含 Event 层次和 Seeding 层次。

在 Event 层次中，两个派生的 Event 类都包含 getSeeding 方法。其中一个返回 StraightSeeding 实例，另一个返回 CircleSeeding 实例。如果决定实例化某个 Event 类，那么与之相对应的 Seeding 类也将被实例化。

尽管看起来两个类之间存在一一对应的关系，但情况并非如此，可能有多种对应关系。

Swimmer 类

Swimmer 类包含名字、俱乐部年龄、排位时间、选拔后的分组和泳道的位置。Event 类从某个数据库中读取游泳选手信息，然后调用 getSeeding 方法时将游泳选手排位相关列表传递给 Seeding 类。

```
class Swimmer():
    def __init__(self, dataline):
        #read in a row and separate the columns
```

```
        sarray = dataline.split()
        self.frname=sarray[1]        #names
        self.lname=sarray[2]
        self.age=int(sarray[3])      #age
        self.club=sarray[4]          #club symbol
        self.seedtime=sarray[5]      #seed string
        self.time=0.0                #set defaults
        self.lane=0 #seeded heats and lanes go here
        self.heat=0
    #Concatenate first and last names
    def getName(self):
        return self.frname+" "+self.lname #combine
```

Event 类

我们之前已经了解了抽象基类 Event 类。在实际使用中，我们使用它来读取游泳选手的数据并将其传递给 Swimmer 类的实例进行解析。

```
class Event():
    def __init__(self, filename, lanes):
        self.numLanes = lanes
        self.swimmers=[]             # array of swimmers
        # read in the data file for this event
        f = open(filename, "r")

        # the Swimmer class then parses each line
        for swstring in f:
            sw = Swimmer(swstring)
            self.swimmers.append(sw)
        f.close()
```

PrelimEvent 类返回 CircleSeeding 类的一个实例：

```
class PrelimEvent (Event):
 # creates a preliminary event circle seeded
    def __init__(self, filename, lanes):
        super().__init__(filename, lanes)


    def getSeeding(self):
        return CircleSeeding(self.swimmers, self.numLanes)
```

同时，TimedFinalEvent 类将返回 StraightSeeding 类的一个实例：

```
class TimedFinalEvent (Event):
# creates an event that will be straight seeded
   def __init__(self, filename,  lanes):
        super().__init__(filename, lanes)


   def getSeeding(self):
        return StraightSeeding(self.swimmers, self.numLanes)
```

StraightSeeding 类

在实际编写这个程序时，我们会发现大部分工作都是在 StraightSeeding 中完成的，以下程序复制了游泳选手列表和泳道号：

```python
class StraightSeeding(Seeding):
    def __init__(self, sw, nlanes):
        self.swimmers = sw
        self.numLanes = nlanes
        self.count = len(sw)
        self.lanes = self.calcLaneOrder()
        self.seed()
```

接着，作为构造函数的一部分，我们进行以下基本的赛事安排：

```python
    def seed(self):
# loads the swmrs array and sorts it
        asw = self.sortUpwards()  # number in last heat
        self.lastHeat = self.count % self.numLanes
        if (self.lastHeat < 3):
            self.lastHeat = 3 # last heat has 3 or more

        lastLanes =self.count - self.lastHeat
        self.numHeats = self.count / self.numLanes

        if (lastLanes > 0):
            self.numHeats += 1 # compute total heats
        heats = self.numHeats

        # place heat and lane in each swimmer's object
        j = 0
          # load from fastest to slowest
          # so we start with last heat  # and work down
        for i in range(0, lastLanes) :
            sw = asw[i] # get each swimmer
            sw.setLane(self.lanes[j]) # copy in lane
            j += 1

            sw.setHeat(heats) # and heat
            if (j >= self.numLanes):
                heats -= 1 # next heat
                j=0

# Add in last partial heat
    if (j < self.numLanes):
        heats -= 1
        j = 0

    for i in range(lastLanes-1, self.count):
        sw = asw[i]
        sw.setLane(self.lanes[j])
```

```
        j += 1
        sw.setHeat(heats)

# copy from array back into list
    swimmers = []
    for i in range(0, self.count):
        swimmers.append(asw[i])
```

当调用 getSwimmers 方法时，可得到游泳选手整体的排位数组。

CircleSeeding 类

CircleSeeding 类派生自 StraightSeeding 类，因此它复制相同的数据。

```
class CircleSeeding(StraightSeeding):
    def __init__(self, sw, nlanes):
        super().__init__(sw, nlanes)

    def seed(self):
        super().seed() # do straight seed as default
        if (self.numHeats >= 2):
            if (self.numHeats >= 3):
                circle = 3
            else:
                circle = 2
        i = 0

        for j in range(0, self.numLanes):
            for k in range(0, circle):
                self.swimmers[i].setLane(self.lanes[j])
                self.swimmers[i].setHeat(self.numHeats - k)
                i += 1
```

因为子类的构造函数调用父类的构造函数，所以它复制了游泳选手数据和泳道号，然后调用 super.seed() 方法进行直接排位。这种方式简化了编程，因为我们总是需要通过直接排位来安排剩下的比赛。然后我们安排最后两到三场预赛，最终完成所有预赛安排。

创建 Seeding 程序

在此示例中，我们列出了参加 500 码自由泳和 100 码自由泳的游泳运动员名单，并使用它们来构建 TimeFinalEvent 类和 PrelimEvent 类。调用这两个类的代码非常简单。控制台版本允许用户输入 1（100 码）、5（500 码），或者 0（代表退出）。

```
class Builder():

    def build(self):
        dist=1
```

```
            while dist > 0:
                dist = int(input(
        'Enter 1 for 100, 5 for 500 or 0 to quit: '))
                if dist==1 or dist ==5:
                    self.evselect(dist)

    # seed selected event
    def evselect(self, dist):
        # there are only two swimmer files
        # We read in one or the other

        if dist == 5 :
            event = TimedFinalEvent(
                "500free.txt", 6)
        elif dist ==1:
            event = PrelimEvent("100free.txt", 6)

        seeding = event.getSeeding()      #factory
        swmrs= seeding.getSwimmers()      #do seedingr

        #print swimmer list in seeded order
        for sw in swmrs:
            print(f'{sw.heat:3}{sw.lane:3} {sw.getName():20}{sw.age:3}
                            {sw.seedtime:9}')

# -----main begins here----
def main():
    builder = Builder()
    builder.build()
```

以下为程序的运行结果。

```
Enter 1 for 100, 5 for 500 or 0 to quit: 1
 13  3 Kelly Harrigan       14 54.13
 12  4 Torey Thelin         14 55.03
 11  2 Lindsay McKenna       13 55.10
 13  5 Jen Pittman          14 55.67
 12  1 Annie Goldstein      13 55.82
 11  6 Kyla Burruss         14 56.04
```

我们还构建了一个用户界面（这并非必要的），由于控制台和 GUI 版本都使用相同的类，把所有程序放在一个单独的文件 SwimClasses.py 中，并告诉主程序从 SwimClasses 类中导入两个类事件。

```
from SwimClasses import TimedFinalEvent, PrelimEvent
```

所有文件需要在同一目录下。

图 6-2 为用组件 Treeview 制作的排位表。

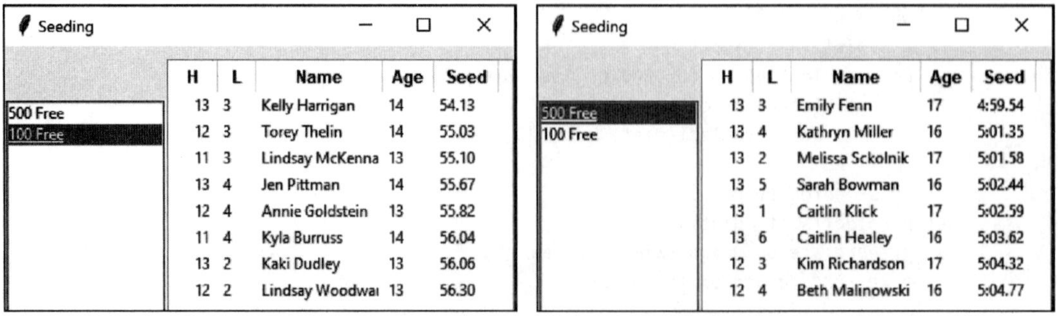

图 6-2　500 码自由泳直接排位表和 100 码循环排位表

EventFactory 类

前面跳过了一个问题，即读取游泳选手数据的程序是怎样决定生成的事件。下面通过简单地调用两个 EventFactory 类的子类来说明。

```
i = int(index[0])   # this is row number
# there are only two swimmer files
# We read in one or the other
if i <=0 :
    event = TimedFinalEvent("500free.txt",6)
else:
    event = PrelimEvent("100free.txt", 6)
```

显然，此实例需要 EventFactory 类来决定生成事件的实例，这涉及第 5 章中讨论的工厂模式。

工厂方法模式的使用场景

以下这些情况，可考虑使用工厂方法模式。

❑ 一个类无法预测它必须创建哪种类型的对象。

❑ 一个类使用它的子类来指定它创建的对象。

❑ 你希望本地化创建的类的相关知识。

工厂模式与工厂方法模式的共同点如下：

1. 基类是抽象的，模式必须返回一个完整的工作类。

2. 基类包含默认方法，只有在默认方法不足时才进行子类化。

3. 参数被传递给工厂模式，告诉它返回几个类的类型中的哪一个。在这种情况下，这些类可能共享相同的方法名称，但做的事情却截然不同。

GitHub 中的程序

❏ SwimFactoryConsole.py：控制台排位程序。

❏ SwimClasses.py：所有三个版本均使用的类。

❏ SwimFactory.py：将列表放入组件 Listbox。

❏ SwimFactoryTable.py：将列表放入组件 Treeview。

抽象工厂模式

当用户希望返回一系列相关或相互依赖的对象类时，可以使用抽象工厂模式，每个产品簇都可以根据请求返回不同的对象产品。换句话说，抽象工厂模式返回一个产品簇中多个同类对象中的某个对象，以确定使用该簇中的哪个类。

抽象工厂模式的一个经典应用是用户系统需要支持多个"外观和感觉"界面的情况，例如 Windows 界面，它返回一个 GUI 抽象工厂模式，该模式返回类似 Windows 的同类对象。然后，当用户请求特定对象（例如按钮、复选框和窗口）时，该模式会返回可视化界面组件的 Windows 实例。

GardenMarker 工厂

让下面使用抽象工厂模式构建一个简单的应用示例 GardenMarker 工厂。

假设用户正在编写一个程序来规划花园的布局。这个花园可能是一年生花园、菜园或多年生花园。无论用户计划建造哪种花园，都想问同样的问题：

1. 花园四周种植什么植物好？

2. 花园中部种植什么植物好？

3. 哪些植物需要遮光种植？

下面构建一个 Garden 类来解答以上问题。

```
class Garden:
    def getShade(): pass
    def getCenter(): pass
    def getBorder(): pass
```

以下的 Plant 类包含并返回植物名称。

```
class Plant:
    def __init__(self, pname):
        self.name = pname      #save name
    def getName(self):
        return self.name
```

每种类型的花园会以某个详细的植物信息数据库为参考。以下的 VeggieGarden 子类（Garden 类的 3 个子类之一）包含并返回植物名称。

```
# one of three Garden subclasses
class VeggieGarden (Garden):
    def getShade(self):
        return Plant("Broccoli")
    def getCenter(self):
        return Plant("Corn")
    def getBorder(self):
        return Plant("Peas")
```

同样地，我们构建 PerennialGarden 子类和 AnnualGarden 子类。现在我们有一系列的 Garden 对象，每个对象返回 Plant 对象中的一个。在这个示例中是从 Radiobutton 派生出的三个 ChoiceButton。

```
ChoiceButton(lbframe, 'Vegetable', 0, VeggieGarden,
        self,  groupv)
ChoiceButton(lbframe, 'Annual', 1, AnnualGarden,
        self,  groupv)
ChoiceButton(lbframe, 'Perennial', 2,
        PerennialGarden, self, groupv)
```

每个 ChoiceButton 都有自己的 comd 方法，可以将正确的 Garden 类复制到主 Gardener 类中。

```
# clicks are sent here
# The background is also cleared
def comd(self):
    self.gardener.setGarden(self.garden)
    self.gardener.clearCanvas()
```

然后，当用户单击图 7-1 中的 "Central" "Border" 或 "Shade" 按钮时，该按钮会将当前选中植物的名称写入 Canvas 对象。

```
def setCenter(self):
    self.canv.create_text(100,120,
            text=self.garden.getCenter(self).getName())
```

这个简单的 GardenMarker 工厂可以与更复杂的用户界面一起使用，用以选择花园类型并规划种植。

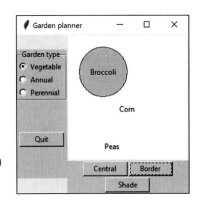

图 7-1 花园规划界面

花园规划界面

在图 7-1 所示的界面的左侧，用户可选择花园类型；在右侧，用户可选择植物种类。当用户单击其中一种花园类型时，程序将启动抽象工厂模式并将正确的 Garden 类复制到 Gardener 类中。然后，当用户单击其中一个植物类型按钮时，将返回此植物类型并显示该植物的名称。

抽象工厂的一大优势是用户可以轻松添加新的子类。例如，可以构建 Garden 类的 GrassGarden 子类或 WildFlowerGarden 子类，并添加选择这 2 个新类型花园的方法。

抽象工厂模式总结

抽象工厂模式主要是为了分离生成的具体类，以便自由更改或互换这些产品类族。这些类的实际类名不显示在用户界面。

此外，由于抽象工厂模式只生成一种具体类，可防止误用来自不同产品族的类。然而，添加新的类族需要定义新的、明确的条件以返回此新类族。

尽管抽象工厂模式生成的所有类都具有相同的基类，但某些子类可具有不同于其他类方法的附加方法。例如，BonsaiGarden 类可具有其他类不存在的 Height 或 WateringFrequency 方法。那么，如何实现呢？有两个解决方案：一是用户可以在基类中定义所有方法，即使这些方法不一定起作用；二是用户可以通过测试来了解基类拥有何种类型的子类。

问题思考

如果用户正在编写一个程序来跟踪投资，例如股票、债券、金属期货和衍生品，用户将如何使用抽象工厂？

GitHub 中的程序

启动程序 Gardening.py 可看到本章所示的花园规划界面、抽象工厂并练习各种 Garden 类。

单 例 模 式

单例模式是创建型模式之一。在编程中有许多情况需要确保某一个类有且只有一个实例。例如，用户系统可以有且只有一个窗口管理器或后台打印输出程序，以及对数据库引擎的单一访问点。

Python 不具有从所有的类实例访问单个静态变量的功能，因此简单的标志将不起作用。单例模式利用了两个 Python 细微特性：静态方法和 __instance 变量。

Python 装饰器告诉编译器在一个类中只创建一个静态方法。

@staticmethod
这使得方法是静态的，无须为类的每个实例都创建一个新的副本。单例（Singleton）类的开头代码如下，表示如果 __instance 变量为 None，则创建一个 Singleton 实例。

```python
class Singleton:
    __instance = None

    # static method declared here
    @staticmethod
    def getInstance():
        if Singleton.__instance == None:
            Singleton()
        return Singleton.__instance
```

构造函数没有返回值，那么如何判断是否成功创建实例？

tutorialspoint.com 网站上推荐的方法是：创建一个 Exception 类，它被多次实例化时将抛出异常。

```python
class SingletonException(Exception):
    def __init__(self, message):
```

```
         # Call the base class constructor
              # with the parameters it needs
     super().__init__(message)
```

需要注意的是，除了通过 super() 方法调用其父类之外，Exception 类没有做任何特别的事情，但会带来很多方便。当尝试创建 PrintSpooler 实例或 Singleton 实例时，编译器会发出必须捕获的异常类型警告。

抛出异常

Singleton 类的其余内容只是 __init__ 方法，这是类首次创建初始化。

```
def __init__(self, name):
    if Singleton.__instance != None:
        raise SingletonException(
                "This class is a singleton!")
    else:
        Singleton.__instance = self
        self.name = name
        print("creating: "+ name)
```

如果 Singleton 类还没有实例，它会创建一个实例并将其存储在 __instance 变量中。 如果已经有一个实例，它会抛出 SingletonException。

创建一个类实例

现在我们已经在同名类中创建了一个简单的单例模式，让我们看看如何使用它。请记住，我们必须将每个可能抛出异常的方法包含在 try-except 模块中。

```
try:
    al = Singleton("Alan")
    bo = Singleton("Bob")
except SingletonException as e:
    print("two instances of a Singleton")
    details = e.args[0]
    print(details)
else:
    print (al.getName())
    print(bo.getName())
```

执行程序。

```
creating: Alan
two instances of a Singleton
This class is a singleton!
```

上述程序最后两行表示程序抛出异常。生成的第一条消息用于捕获异常，另一条消息由 Singleton 发出。

这种方法的一个优点是可以限制 Singleton 实例数量（大于 1），无须重复编程。

单例模式的静态类

在标准的 Python 类库中有一种单例类：math 类。这个类的所有方法都声明为 @staticmethod，也就是说这个类不能被扩展。math 类的目的是将常见的数学函数（例如正弦函数和对数函数）包装在类的结构中，因为 Python 不支持类中含有非方法的函数。

对于单例 Spooler 模式，可以使用相同的方法，并为其提供一个静态方法。不能创建 math 类或者 Spooler 类的实例，只能在现有的最终类中直接调用静态方法。

```
class Spooler:
    @staticmethod
    def printit(text):
        print(text) # simulate printing
name = "Fred"
Spooler.printit(name)
```

上述程序直接调用了 Spooler 中的 printit 的方法 Spooler.printit。

在大型程序中查找单例

在一个大型复杂的程序中，要发现单例在代码中的什么位置被实例化并不容易。

一种解决方案是在程序开始时创建这样的单例，并将它们作为参数传递给需要使用它们的主要类。

```
pr1 = iSpooler.Instance()
cust = Customers(pr1)
```

一个更好的解决方案是为程序中的所有 Singleton 类创建一个注册表，并将该注册表设置为广泛可用。每次 Singleton 被实例化时，都会在注册表中备注。然后程序的任何部分都可以使用标识字符串请求任何 Singleton 单例，并获得该实例变量。

注册表方法的缺点是类型检查会减少，因为注册表中的单例表会将所有的单例保存为对象（例如，存储于 Hashtable 对象中）。当然，注册表本身很可能是一个单例，须使用构造函数或各种设置函数将其传递给程序的所有部分。

单例模式总结

1. 将单例子类化可能很困难，只有在单例基类尚未被实例化时才可以。
2. 用户可以轻松地更改单例类，使其具有少量实例。

GitHub 中的程序

❑ Spooler.py：Spooler 原型程序。
❑ Testlock.py：创建单例类的单一实例。

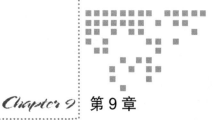

生成器模式

单击的地址簿对象类型，会呈现不同的对象属性。这不仅仅是一个工厂模式，因为应用返回的对象不是基类显示对象的简单后代，而是根据显示对象的不同组合呈现的完全不同的用户界面。生成器模式根据数据以各种方式组合许多对象。此外，由于 Python 是为数不多的可以将数据和显示方式分离为简单对象的语言之一，因此 Python 是实现生成器模式的理想语言。

以一个典型的电子邮件地址簿为例，地址簿中可能既有单个联系人也有群组联系人，并且希望地址簿的用户界面中包含名字、姓氏、公司、电子邮件地址和电话号码，还希望有该群组联系人的组名、目的、联系人列表和电子邮件地址。单击单个联系人条目获得一种显示界面，单击联系人群组条目获得另一个显示界面。假设所有电子邮件地址都保存在一个名为地址（Address）的对象中，并且单个联系人（Person）和联系人群组（Group）都派生自该基类，如图 9-1 所示。

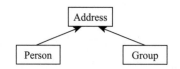

图 9-1　Person 和 Group 派生自 Address

投资跟踪器

下面介绍通过一个类来构建用户界面。假设编写一个程序来跟踪投资（股票、债券等）业绩；并以列表形式呈现每个项目类别的投资列表，以方便选择一项或多项投资项目，最后绘制项目绩效对比图。

对于 Stocks 投资项目，使用多选列表框，如图 9-2 所示；对于 Bonds 投资项目，使用一组复选框，如图 9-3 所示。在这里，用 Builder 类生成一个接口，该接口取决于要显示的投资项目数量，但采用相同的方法以返回结果。

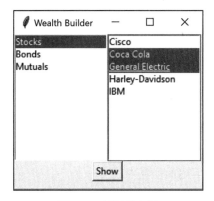 

图 9-2 多选列表框   图 9-3 组复选框

通过单击 Show 按钮，界面将呈现用户所选投资项目的具体信息，而不是只是显示选择的投资项目，如图 9-4 所示。

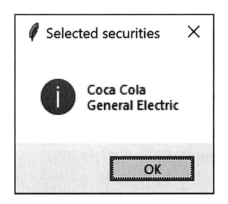

图 9-4 所选投资项目具体信息

下面构建界面以便根据变量值显示不同信息。创建从定义所需实现方法的抽象类 Multi-Choice 类。

```python
class MultiChoice:
    def __init__(self, frame, choiceList):
        self.choices = choiceList    #save list
        self.frame = frame

    #to be implemented in derived classes
    def makeUI(self): pass          #Frame of components
    def getSelected(self): pass     #get list of items
```

```
#clears out the components of the frame
def clearAll(self):
    for widget in self.frame.winfo_children():
        widget.destroy()
```

请注意基类中的 clearAll 方法，它用于删除框架中所有组件，无论框架包含多选列表框还是一组复选框都有效。这里使用第 2 章的 CheckBox 类，该类保留了显示复选框是否被选中的 IntVal 方法。

makeUI 方法以多选项显示组件填充界面框架。这里使用的两个显示组件是一个复选框面板和一个列表框面板，它们都派生自同一个抽象类。

```
class ListboxChoice(MultiChoice):
```

或

```
class CheckboxChoice(MultiChoice):
```

然后再创建一个简单的 Factory 类来决定返回上述两个类中的哪一个。

```
class ChoiceFactory:
    """This class returns a Panel containing
    a set of choices displayed by one of
    several UI methods. """
    def getChoiceUI(self, choices, frame):
        if len(choices) <=3:
            #return a panel of checkboxes
            return CheckboxChoice(frame, choices)
        else:
            #return a multi-select list box panel
            return ListboxChoice(frame, choices)
```

调用生成器

在这个示例中创建 WealthBuilder 类来处理投资列表。

用户界面由一个中心被分为 1×2 网格布局的框架组成（见图 9-2 和图 9-3）。界面左侧部分包含用户的投资类型列表，界面右侧部分是一个空白面板，用来显示选择的投资类型。第二个网格行包含显示 Show 按钮，其列跨度为 2。

```
class BuildUI():
    def __init__(self, root):
        self.root = root
        self.root.geometry("250x200")
        self.root.title("Wealth Builder")
        self.seclist=[] # start with empty list
```

将三个投资项目列表保存在 Securities 类的三个实例中，该类具有名称和该类包含的名称列表。作为程序初始化的一部分，可用任意值加载它们。

```
def build(self):
    # create securities list
    self.stocks= Securities("Stocks",
        ["Cisco", "Coca Cola", "General Electric",
        "Harley-Davidson", "IBM"])
    self.seclist.append(self.stocks)
    self.bonds = Securities("Bonds",
        ["CT State GO 2024", "New York GO 2026",
            "GE Corp Bonds"] )
    self.seclist.append(self.bonds)
    self.mutuals = Securities("Mutuals",
        ["Fidelity Magellan", "T Rowe Price",
            "Vanguard Primecap", "Lindner"])
    self.seclist.append(self.mutuals)
```

当单击图 9-2 左侧列表框中的三种投资项目之一时，程序可能会从文件或数据库中读取数据，并将相应的 Securities 类传递给工厂模式，由工厂模式返回其中一个 Builders 类。

```
# callback when left list box is selected
def lbselect(self, evt):
    index = self.leftList.curselection()  # a tuple
    i = int(index[0])  # this is the actual index
    securities = self.seclist[i]
    cf = ChoiceFactory()
    self.cui = cf.getChoiceUI(securities.getList(),
                self.rframe)
    self.cui.makeUI()
```

将工厂模式创建的 MultiChoice 面板存于变量 cui 中，以便将其传递给 Plot 对话框。

列表框生成器

列表框（Listbox）生成器返回一个面板，其中包含一个显示投资列表的列表框。

```
class ListboxChoice( MultiChoice):

    def __init__(self, frame, choices):
        super().__init__(frame, choices)

    # creates and loads the listbox into the frame
    def makeUI(self):
        self.clearAll()
      #create a frame containing a list box
        self.list = Listbox(self.frame,
                selectmode=MULTIPLE)      #list box
        self.list.pack()

    #add investments into list box
        for st in self.choices:
            self.list.insert(END, st)
```

ListboxChoice 类中的另一个重要方法是 getSelected 方法，它以字符串数组形式返回选择的投资项目。

```
# returns a list of the selected elements
    def getSelected(self):
        sel = self.list.curselection()
        selist=[]
        for i in sel:
            st = self.list.get(i)
            selist.append(st)
        return selist
```

复选框生成器

复选框生成器更简单，依据要显示的选项数量创建一个包含相应数量分区的水平网格，然后在每个网格线中插入一个复选框。

```
class CheckboxChoice(MultiChoice):
    def __init__(self, panel, choices):
        super().__init__(panel, choices)

    #creates the checkbox UI
    def makeUI(self):
        self.boxes = []  # list of check boxes
        self.clearAll()
        r = 0
        for name in self.choices:
            var = IntVar()  # create an IntVar
            # create a checkbox
            cb = Checkbox(self.frame, name, var)
            self.boxes.append(cb)  # add it to list
            cb.grid(column=0, row=r, sticky=W)
            r += 1

     # returns list of selected check boxes
    def getSelected(self):
        items=[]          #empty list
        for b in self.boxes:
            if b.getVar() > 0:
                items.append(b.getText())
        return items
```

如前述使用 lbselect 方法所示，单击 Show 按钮时，该按钮会向生成器请求获取当前界面所选的投资项目列表。请注意，程序将调用 securities.getList() 方法，该方法返回所选对象的列表，无论当前显示的是哪类界面，因为 ListBoxChoice 类和 CheckBoxChoice 类都包含 getList 方法。

生成器模式总结

1. 生成器能够改变其构建的产品内部表达，并隐藏了产品组装方式的细节。

2. 每个特定的生成器都独立于其他生成器，也独立于程序的其余部分，这使其他生成器的添加变得相对简单。

3. 因为每个生成器都根据当前数据一步步构建最终的产品，所以可以更好地控制最终的产品。

生成器模式有点像抽象工厂模式，两个返回类都由许多方法和对象组成。它们的主要区别主要在于：抽象工厂返回一系列相关类，而生成器根据提供给它的数据逐步构造一个复杂的对象。

问题思考

1. 某些文字处理和图形程序会根据所显示数据的上下文动态构建菜单，那么如何有效地使用生成器？

2. 并非所有的生成器都必须构建可视化对象。在做个人理财时，可以借助生成器构建什么应用呢？ 假设需要对由 5 ~ 6 个不同项目组成的田径比赛进行评分，此场景是否可以使用生成器？

GitHub 中的程序

BuilderChoices.py: 创建并显示 WealthBuilder。

原型模式

当创建一个类的实例非常耗时或比较复杂时，可以使用原型模式。采用原型模式无须创建更多实例，仅需要复制原始实例并根据需要修改副本即可。

若只需要在处理类型上不同的类时，也可以使用原型模式，例如，解析用不同基数表示数字的字符串。

让我们考虑需要对一个庞大的数据库进行大量查询以寻找答案的情况。当获得以表格或结果集呈现的信息时，只希望对表格或结果集进行操作处理就可获得答案而无须再进行额外的查询。

以一个联盟或州组织中的游泳运动员数据库为例。每位游泳运动员在一个赛季中会完成若干游泳赛程，按年龄分组列出游泳运动员的最短时间纪录。当游泳运动员过完生日后会在一个赛季内转入新的年龄组。因此，确定哪个游泳运动员在哪个赛季哪个年龄组中表现最好的问题取决于：每次比赛的日期和每个游泳运动员的生日。因此，制作这个表格的计算成本较高。

假设有一个包含此表格信息的类（按性别排序），我们需要查询并获取按时间或按实际年龄排序（而不是按年龄组排序）的运动员信息列表。重新处理并获取相关数据是不太明智的做法，且也不希望破坏原始数据顺序，仅需获得相关数据的副本即可。

Python 中的克隆

lib 库中的函数包括一个复制函数，可以通过如下方式访问它。

```
from Lib import copy
```

所有复制函数都是静态的，不涉及任何类。令人感兴趣的两种方法是：

newarray = copy.copy(array)

和

newarray = copy.deepcopy(array)

第一个函数的作用是浅复制对象数组的副本。第二个函数的作用是进行深复制，确保所有对象都被复制，并且任何引用都与原始对象数组分开。

如果正在复制简单的对象列表或数组，第一个函数可以正常工作。仅当对象包含对其他对象的引用时，才需要调用复杂度高和执行时间较慢的第二个函数。

使用原型

现在让我们编写一个简单的程序，其功能为从数据库中读取数据，然后克隆结果对象。在程序 Proto 中，从文件中读取数据，原始的数据来源于上述讨论的大型数据库。

首先，创建一个 Swimmer 类，它包含一个名字、俱乐部名称、性别和时间。然后，再创建一个 Swimmers 类，该类维护从数据库中读取的 Swimmers 列表。

SwimData 类可提供 getSwimmer 方法，Swimmer 类可提供 getName 方法，用于访问游泳者的年龄、性别和参加时间。程序将数据读入并存储于 SwimInfo 后，可以将信息显示在列表框中。

单击 Clone 按钮时，我们将克隆此类并在新类中以不同方式对数据进行排序。同样地，对数据进行克隆是因为创建新的类实例会花费较多的时间，我们希望以两种形式保留数据。

在原来的班级中，姓名既可按性别排序也可以按时间排序。在克隆类中，它们仅按时间排序。图 10-1 是简单的用户界面，界面左侧列表显示了原始数据，右侧列表显示了克隆类中排序后的数据。

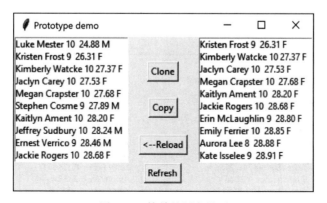

图 10-1　简单的用户界面

程序启动时加载左侧的列表框数据，单击 Copy 按钮时加载右侧的列表框数据。单击

Refresh 按钮，将从原始数组中获取数据并刷新最左边的列表框信息，如图 10-2 所示。

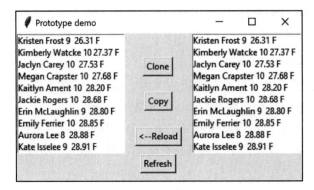

图 10-2　复制

在这里，我们通过复制方法，将原始数组复制到一个新数组中，在左侧列表框中的名字实现了重新排序。

```python
def shallowCopy(self):
    swmrs = self.swmrs  # copies the pointers
    sw = self.sbySex(swmrs)
    self.fillList(self.rightlist, sw)
```

换句话说，数据对象引用的是副本，但它们引用的底层数据是相同的。因此，对复制数据执行的任何操作也会发生在 Prototype 类中的原始数据上。但这不是我们所希望的。

单击 Clone 按钮，此时调用上面描述的 copy.copy 函数，将获取一个单独的游泳者列表，并在不影响原始列表的情况下可对其数据进行排序。

```python
def clone(self):
    swmrs = copy.copy(self.swmrs)
    sw = self.sbySex(swmrs)
    self.fillList(self.rightlist, sw)
```

此方式实现了用户的界面数据显示需求，即使单击 Refresh 按钮后台数据也不会改变（见图 10-3）。

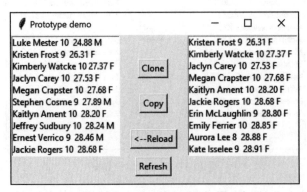

图 10-3　克隆

单击 Reload 按钮，从原始 swimmer 文件中重新读取数据。

原型模式总结

使用原型模式，可采用类克隆的方式实现添加或删除类，也可根据程序条件修改类的内部数据表示，还可以指定新对象，无须创建大量的扩展类和继承结构。

如同第 8 章中讨论的注册表，可创建一个可以克隆的原型类注册表，并向注册表对象请求潜在的原型列表。另外，还可克隆一个已有的类，而不必从头开始编写类。

请注意，用于原型的每个类本身都必须实例化，以便使用原型注册，这可能造成性能损失。

复制原型类意味着有足够的权限访问这些类中的数据或方法，以便在克隆后可对数据进行修改，这需要在原型类中添加数据访问的方法。

GitHub 中的程序

在所有上述实例中，请务必将数据文件（swimmers.txt）与 Python 文件存放于相同的文件夹下，并确保它们被包含在 VSCode 或 PyCharm 项目中。

❑ Proto.py：创建本章中的 Swimmers 原型演示。
❑ Swimmers.txt：原型所需要的数据文件。

创建型模式总结

❑ 工厂方法模式,从许多相似的类中选择并返回一个类的实例。

❑ 抽象工厂模式用于返回一系列相关类组中的一组。

❑ 生成器模式根据对象所呈现的数据,将多个对象组合成一个新对象。

❑ 原型模式克隆现有类,而不是创建新的实例,因为创建新实例的成本更高。

❑ 单例模式是一种确保对象只有一个实例并且可以实现对该实例的全局访问的模式。

第三部分 *Part 3*

结构型模式

结构型模式描述了如何将类和对象组合起来形成更大的结构。类和对象的区别在于：类是通过继承来提供更有用的应用程序接口，而对象通过对象组合来形成更大的结构或将对象包含在其他对象中。

　　本部分将介绍结构型模式。适配器模式可将一个类接口与另一个类接口相匹配，从而使编程更加容易。组合模式，它是对象的组合，其中每个对象可以是一个简单的对象，也可以是一个组合对象。代理模式通常是一个简单的对象，它取代了一个更复杂的对象，并且可以在以后调用。享元模式是一种共享对象的模式，其中每个实例不包含自身的状态，而是将状态存储在外部。这允许程序有效地共享对象以节省存储空间，特别是当某个对象有许多实例但只有少数不同类型时。外观模式用于使单个类代表整个子系统。桥接模式将对象的接口与其实现分开来适应业务需求。装饰器模式可用于动态地扩展对象的功能。

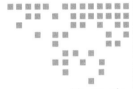

适配器模式

适配器模式用于将一个类的编程接口转换为另一个类的编程接口。当程序使用不相关的类时，可以采用适配器模式，即编写一个具有所需接口的类，然后使其与不同接口的类进行通信。适配器模式实现方法有两种：类适配器和对象适配器。类适配器是从非一致性的类中派生出一个新类，并使新派生类符合所需接口匹配。对象适配器是将原始类包含在新类中，并在新类中创建转换调用的方法。

列表之间的数据移动

创建一个简单的 Python 程序，将班级花名册学生姓名录入到初始列表中，然后将被选拔的学生转移到另一个列表中，如图 12-1 所示。

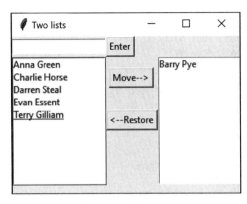

图 12-1 学生姓名

在图 12-1 左上角录入字段中输入学生姓名，然后单击 Enter 按钮，该学生姓名显示在左侧的列表框中。将被选拔学生姓名移动到右侧的列表框中，需要单击该学生姓名，然后单击 Move 按钮。若要从右侧的列表框中删除学生姓名，请单击该学生名称，然后单击 Restore 按钮，该学生姓名被移回左侧的列表中。

下面编写实现图 12-1 操作的一个简单应用程序 addStudents.py。首先，创建构造函数和三个 DButton（按钮），每个 DButton 拥有自己的 comd 方法。由于在左右两侧列表框执行了相同的操作，可以创建一个派生列表框类来执行这些操作。

```python
# Derived Listbox with 3 convenience methods
class DListbox(Listbox):
    def __init__(self, root):
        super().__init__(root)
     # Get the current selected text
    def getSelected(self):
        selection = self.curselection()
        selindex = selection[0]
        return self.get(selindex)
    # delete the selected row
    def deleteSelection(self):
        selection = self.curselection()
        selindex = selection[0]
        self.delete(selindex)
    # Insert at bottom of list
    def insertAtEnd(self, text):
        self.insert(END, text)
```

Entry 按钮将输入字段复制到左侧列表的底部，并清除输入字段：

```python
class EntryButton(DButton):
    def __init__(self, root, buildui, **kwargs):
        super().__init__(root, text="Enter")
        self.buildui = buildui
    # copies entry field into left list
    def comd(self):
        entry = self.buildui.getEntry()
        text = entry.get()
        leftList = self.buildui.getLeftList()
        leftList.insertAtEnd(text)
        entry.delete(0, END) # clears entry
```

其次，创建 Move 按钮，将被选拔的学生姓名从左侧列表复制到右侧列表中，并从左侧删除记录。

```python
class MoveButton(DButton):
    def __init__(self, root, buildui, **kwargs):
        super().__init__(root, text="Move-->")
        self.buildui = buildui
    # copies selected line into right list
        def comd(self):
```

```
        self.leftlist =self.buildui.getLeftList()
        self.seltext = self.leftlist.getSelected()
        self.rightlist = self.buildui.getRightList()
        self.rightlist.insertAtEnd(self.seltext)

    # and deletes from left
        self.leftlist.deleteSelection()
```

创建一个适配器

假设希望图 12-1 右侧显示不同的内容，例如想要一个包含更多数据的学生信息（IQ 或考试成绩）列表。树视图（Treeview）组件可以实现这个功能，如图 12-2 所示。

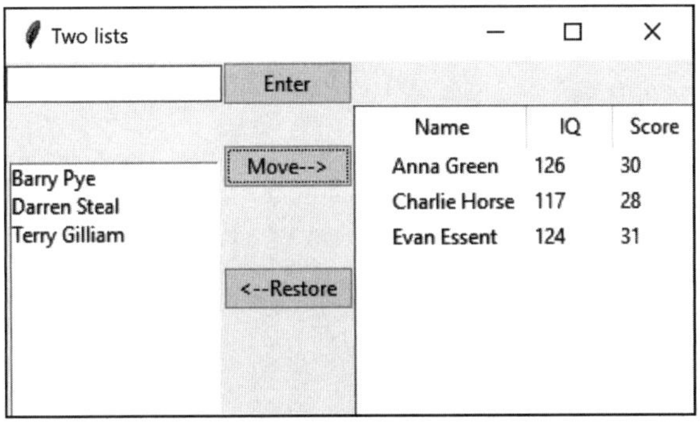

图 12-2　学生姓名树视图

这需要在用户界面生成器类中创建 Treeview 列，若不更改列表框界面，可使用 addStudents.py 中 DListbox 类的方法。

下面程序构建一个具有与 DListbox 类相同的方法的 Adpater 类，并且与 Treeview 组件对接口匹配。

```
class ListboxAdapter(DListbox):
    def __init__(self, root, tree):
        super().__init__(root)
        self.tree = tree
        self.index=1

    # gets the text selected from the tree
    def getSelected(self):
        treerow = self.tree.focus() #get the row
        row = self.tree.item(treerow) # returns dict
        return row.get('text')

    # delete the line selected in the tree
    def deleteSelection(self):
        treerow = self.tree.focus()
        self.tree.delete(treerow)
```

```
    # insert a line at the bottom of the treelist
    def insertAtEnd(self, name):
        # create random IQs and scores
        self.tree.insert("", self.index, text=name,
                            values=(Randint.getIQ(self),
                                Randint.getScore(self)) )
        self.index += 1
```

getSelected 方法使用名称模糊的 focus() 方法来获取选定的行，该方法返回所选行的关键字。然后通过 item() 方法返回该行记录的元素字典。从而该字典的文本元素存储学生姓名。

```
treerow = self.tree.focus() # get the row
        row = self.tree.item(treerow) # returns dict
        return row.get('text')
```

下面通过随机数生成器巧妙地解决学生 IQ 和考试成绩的问题，该随机数生成器可用于产生预定义范围内的整数。

```
# Random number generator
class Randint():
    def __init__(self):
        seed(None, 2)   # set up the random seed

    # compute a random IQ between 115 and 145
    @staticmethod
    def getIQ(self):
        return randint(115,145)

    # compute a random score between 25 and 35
    @staticmethod
    def getScore(self):
        return randint(25,35)
```

类适配器

上述程序中的对象适配器对适配器内部的 Treelist 实例进行操作。相比之下，类适配器从 Treelist 派生出一个新类。

类适配器的特点：

❑ 不能用于调整一个类及其所有子类，因为在创建时定义了其派生类。

❑ 可更改一些适配类的方法，也允许不加更改地使用其他方法。

对象适配器的特点：

❑ 可通过简单地将子类作为构造函数的一部分来调整子类。

❑ 要明确提出可供使用的适配器对象方法。

双向适配器

双向适配器是一个精巧的概念，它使一个对象可以被不同的类视为列表框类型或树列表类型。通过类适配器最容易实现双向适配器，因为基类的所有方法在派生类中均可自动继承使用。但是，这仅适用于在派生类中没有编写覆盖基类的不同的方法。这里的ListboxAdapter 类是一个理想的双向适配器，因为这它和它的派生类没有共同的方法。

可插式适配器

可插式适配器是动态适应多个类之一的适配器。当然，适配器只能适配它能识别的类。通常，适配器根据不同的构造函数或 setParameter 方法来决定它目前适配哪个类。

GitHub 中的程序

❑ addStudents.py：将学生姓名添加到左侧列表，并支持将若干学生姓名移到右侧列表。
❑ addStudentsAdapter.py：将学生姓名添加到左侧列表，并支持使用适配器将一些学生姓名移动到右侧的树视图。

Chapter 13 第 13 章

桥接模式

桥接模式旨在将类的接口与其实现分开，以便在不更改程序的情况下改变或替换具体实现方法。

假设我们不仅需要在窗口中显示简单的产品列表框，还需要显示产品的销售数据。在 Customer view 列表框中显示产品列表，并在 Executive view 树视图中显示销售数据，如图 13-1 所示。

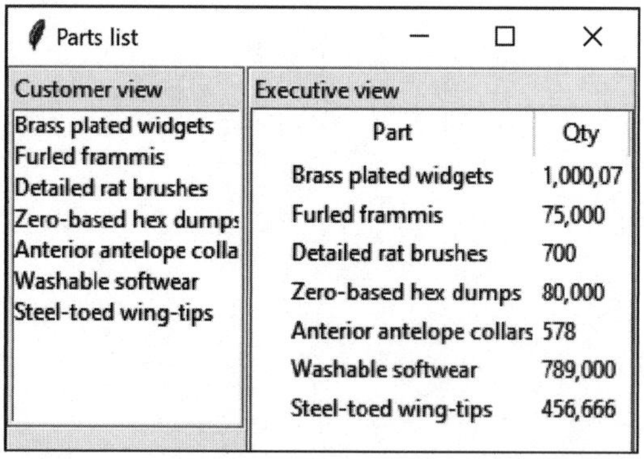

图 13-1　树视图

下面定义一个抽象的桥接（Bridger）类，而不论具体实现类的类型和复杂性如何。

```
class Bridger(Frame):
    def addData(self):pass
```

这个类非常简单，它只接收一个数据列表并将其传递给显示类。

实现类与桥接类关联，下面程序将完成一次显示一条销售数据。

```
class VisList():
    def addLines(self): pass
    def removeLine(self): pass
```

这些类的定义中隐含了一种机制，用以确定每个字符串的哪一部分是产品名称，哪一部分是销售数量。下面程序使用两个破折号将数量与名称分开，并在产品（Product）类中将它们分开解析。

ListBridge 类是图 13-1 左显示列表框与图 13-1 右侧树视图之间的桥梁，它实例化和扩展了 Bridger 类以供应用程序使用。

```
# General bridge between data and any VisList class
class ListBridge(Bridger):
    def __init__(self, frame, vislist):
        self.list = vislist
        self.list.pack()

    # adds the list of Products into any VisList
    def addData(self, products):
        self.list.addLines( products)
```

桥接模式可以通过替换两个显示数据的 VisList 类中的一个或两个，不必更改桥接类，只需为其提供新的 VisLists 类，即可完全改变窗口显示。这些类可以是任何内容，只要它们实现简单的 VisList 方法即可。这里 removeLine 方法的实现留空，因为它与此实现并不相关。

列表框的 VisList 程序实现非常简单：

```
# Listbox visual list
class LbVisList(Listbox, VisList):
    def __init__(self, frame ):
        super().__init__(frame)

    def addLines(self, prodlist):
        for prod in prodlist:
            self.insert(END, prod.name)
```

除了设置列名和维度，图 13-1 右侧的树视图实现同样简单，

```
# Treelist (table) visual list
class TbVisList(Treeview, VisList):
    def __init__(self, frame ):
        super().__init__(frame)
        # set up table columns
        self["columns"] = ("quantity")
        self.column("#0", width=150, minwidth=100, stretch=NO)
        self.column("quantity", width=50, minwidth=50, stretch=NO)
        self.heading('#0', text='Part')
        self.heading('quantity', text='Qty')
        self.index = 0        #row counter

        # adds the whole list of products to the table
```

```
def addLines(self, prodlist):
    for prod in prodlist:
        self.insert("", self.index, text=prod.name,
                        values=(prod.count))
        self.index += 1
```

创建用户界面

所有常用的 grid 布局和 pack 布局程序仍然适用，在二元网格内创建两个框架的实现很容易。程序如下：

```
self.vislist = LbVisList(self.lframe)
self.lbridge = ListBridge(self.lframe, self.vislist)
self.lbridge.addData(prod.getProducts())
```

同样，可以创建 VisList 的树视图，将其添加到桥接类的另一个实例中，并添加数据。

```
self.rvislist = TbVisList(self.rframe)
self.rlb = ListBridge( self.rframe, self.rvislist)
self.rlb.addData(prod.getProducts())
```

扩展桥

需要对窗口列表中显示数据的方式进行一些更改时，桥接模式的优势就会显现出来。例如，希望按字母顺序展示产品或需要修改或子类化列表和表格类。在扩展接口类中进行更改，从父类 listBridge 类创建一个新类 sortBridge 类。只需要创建一个新的 VisList 类，对数据进行排序及安装，而不是在原来的 LbVislist 类中修改。

```
# Sorted listbox visual list
class SortVisList(Listbox, VisList):
    def __init__(self, frame ):
        super().__init__(frame)

    # sort into alphabetical order
    def addLines(self, prodlist):
        # sort array alphabetically
        self.prods = self.sortUpwards( prodlist)
        for prod in self.prods:
            self.insert(END, prod.name)
```

按字母排序程序与第 6 章的示例代码 Swimfactory.py 相同，因此此处不再重复。图 13-2 以字母排序方式显示。

使用桥接模式可在不更改具体实现的情况下改变接口。例如，可以创建另一种类型的列表显示并替换当前列表显示，而无须更改任何其他程序，只要新列表也实现了 visList 接口即可。

下面创建了一个树视图组件，它实现 visList 接口并替换普通列表，而没有对图 13-3 中类的公共接口做任何更改。

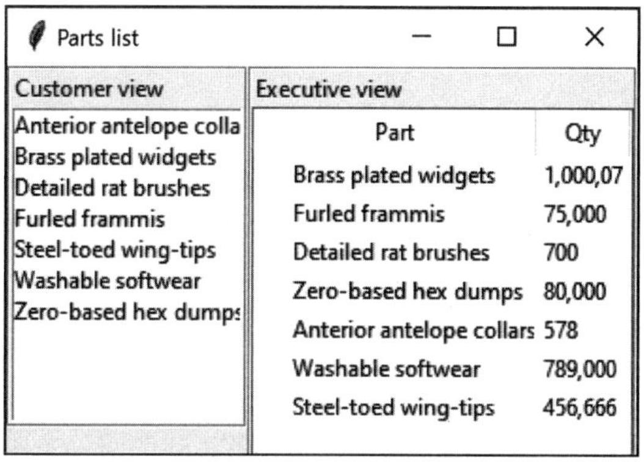

图 13-2 以字母排序方式显示

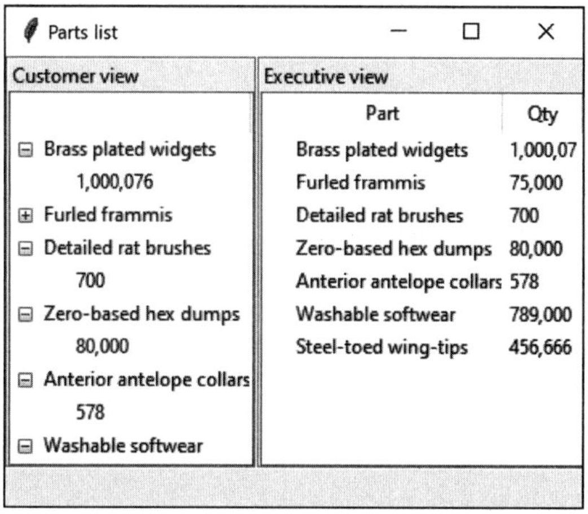

图 13-3 左侧 visList 树视图

请注意，这个简单的新 visList 程序中修改如下：

```python
#Tree VisList for left display
class TbexpVisList(Treeview, VisList):
    def __init__(self, frame ):
        super().__init__(frame)
        self.column("#0", width=150, minwidth=100,
                            stretch=NO)
        self.index = 0

    def addLines(self, prodlist):
        for prod in prodlist:
            fline = self.insert("", self.index,
                        text=prod.name)
            # add count as a leaf
            self.insert(fline, 'end',
```

```
                        text=prod.count )
            self.index += 1
```

桥接模式总结

1. 桥接模式旨在使程序的接口保持不变，同时允许更改所显示或使用的实际类。不必重新编译一组复杂的用户界面模块，只需要重新编译桥本身和实际的最终显示类。

2. 可分别扩展实现类和桥接类，通常彼此之间没有太多交互。

3. 可更轻松地隐藏程序实现细节。

GitHub 中的程序

在所有这些程序中，请务必将数据文件（products.txt）与 Python 文件放在相同的文件夹下，同时确保它们是 VSCode 或 PyCharm 项目中的一部分。

❑ BasicBridge.py。

❑ SortBridge.py。

❑ TreeBridge.py。

❑ Products.txt: 桥接程序所使用的数据文件。

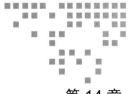

组合模式

组件可以是单个对象，也可以代表若干对象的集合。组合模式旨在兼顾这两种情况。使用组合模式可构建部分－整体层次结构或构建数据的树结构。总之，组合是对象的集合。在树的命名法中，一些对象可以是带有额外分支的节点，另一些对象也可以是叶节点。

由此产生的问题是，如果采用一个单一简单接口来访问组合中的所有对象，那么就无法区分节点和叶节点。节点包含有子节点并且可以继续添加子节点。但是，叶节点没有子节点，并且在某些实现中，向其添加子节点会被阻止。

在创建员工树结构时，为节点和叶节点创建一个单独的接口，其中叶节点可以具备以下方法：

```
def getName(self):pass
def getSalary(self):pass
```

节点具备以下额外的方法：

```
def getSubordinates(self):pass
def add(self, e:Employee):pass
def getChild(self, name:str):
```

当构建组合模式时需决定哪些元素是组合元素，哪些元素是原始元素，且每个元素都应该有相同的接口。这比较容易实现，但当对象是叶节点时，需要明确 getChild() 操作应该实现的功能。

当在组合元素中添加叶节点时，非叶节点可以添加子节点，但叶节点不能。这里组合模式中的所有组件都具有相同的接口。不允许程序对叶节点添加子节点，如果程序试图进行添加操作，可将叶节点类设计为抛出异常。

组合结构的实现

让我们来考虑一家小公司。假设它由首席执行官（CEO）创立，他推动了业务的发展。然后首席执行官雇佣了两位副总裁来负责生产和营销业务。然后，这两人每一位都聘请了助理来帮助处理广告、运输等工作。随着公司不断发展壮大，它形成了如图 14-1 所示的组合结构的组织图。

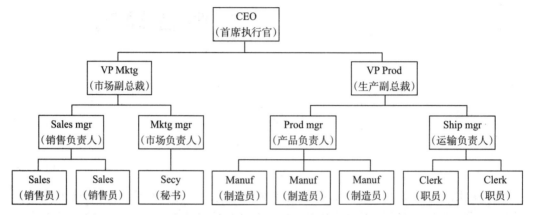

图 14-1　公司的组合结构的组织图

工资的计算

在这里，我们将公司成本定义为公司管理人员及其所有下属的工资。
- 单个员工的成本就是他或她的薪水（和福利）。
- 一个部门领导的成本是他或她的工资加上所有下属的工资之和。

创建一个单一界面来正确地生成员工工资总额，无论该员工是否管理下属。

```
def getSalaries(self):pass
```

可以看出，在组合模式中尽量不使用相同标准的方法名称，而是使用与实际开发的类相关的公共方法。因此，这里没有使 getValue() 这样的通用方法，使用的是 getSalaries()。

Employee 类

公司组织结构可表示为由经理和员工节点组成。使用一个类来表示所有的员工，但由于每层节点可能具有不同的属性，因此至少需要定义两个类：Employee 类和 Boss 类。Employee 类是叶节点，其下不含子节点。Boss 类是中间节点，包含子节点。

Employee 类可以保存每个员工的姓名和薪水。

```
# Employee is the base class
class Employee():
    def __init__(self, parent, name, salary:int):
        self.parent = parent
        self.name = name
        self.salary = salary
        self.isleaf = True

    def getSalaries(self):  return self.salary
    def getSubordinates(self): return None
```

Employee 类可以包含 add、getSubordinates 和 getChild 方法的具体实现。但是因为 Employee 类代表叶节点，所以调用上述方法将可能返回错误提示信息。例如在上述例子中，调用 getSubordinates 方法将返回 None，因为 Employee 类代表叶节点，所以避免在叶节点上调用这些方法。

Boss 类

Boss 类被定义为 Employee 类的子类，用于管理下属员工。我们可将下属员工信息保存在 subordinates 列表中，并采用列表返回信息或枚举列表内容。因此，如果某个 Boss 实例暂时完成了对 Employees 列表的访问，列表为空。

```
class Boss(Employee):
    def __init__(self, name, salary:int):
        super().__init__(name, salary)
        self.subordinates = []
        self.isleaf = False

    def add(self, e:Employee):
        self.subordinates.append(e)
```

同样，可以使用同一个列表返回任何员工及其下属的薪水总和。

```
# called recursively as it walks down the tree
def getSalaries(self):
    self.sum = self.salary
    for e in self.subordinates:
        self.sum = self.sum + e.getSalaries()
    return self.sum
```

请注意，此方法从当前员工的薪水开始，然后对每个下属调用 getSalaries() 方法。当然，此处采用递归调用，所有有下属的员工都包括在内。

创建员工树

创建一个 CEO 的 Employee 类，然后添加这个类的下属子节点，然后再添加下属子节点的子节点。

```
#builds the employee tree
def build(self):
    seed(None, 2)       # initialize random seed
    boss = Boss("CEO", 200000)
# add VPs under Boss
    marketVP = Boss("Marketing_VP", 100000)
    boss.add(marketVP)
    prodVP = Boss("Production_VP", 100000)
    boss.add(prodVP)
    salesMgr = Boss("Sales_Mgr", 50000)
    marketVP.add(salesMgr)
    advMgr = Boss("Advt_Mgr", 50000)
    marketVP.add(advMgr)
    # add salesmen reporting to Sales Mgr
    for i in range(0, 6):
        salesMgr.add(Employee("Sales_" + str(i),
                int(30000.0 + random() * 10000)))

    advMgr.add(Employee("Secy", 20000))
    prodMgr = Boss("Prod_Mgr", 40000)
    prodVP.add(prodMgr)
    shipMgr = Boss("Ship_Mgr", 35000)
    prodVP.add(shipMgr)

    # Add manufacturing and shipping employees
    for i in range(0, 4):
        prodMgr.add(Employee("Manuf_"
        + str(i), int(25000 + random() * 5000)))
    for i in range(0, 4):
        shipMgr.add(Employee("Ship_Clrk_"
         + str(i), int(20000 + random() * 5000)))
```

打印输出员工树

　　打印输出员工树不需要创建图形化用户界面，只需在打印输出每个新的子级别时缩进两个空格。如下程序遍历整棵树并根据需要首行缩进。

```
# print employee tree recursively,
# walking down the tree
def addNodes(self,  emp:Employee ):
    if not emp.isleaf:      #Bosses are not Leaves
        empList = emp.getSubordinates()
        if empList != None: # must be a Boss
            for newEmp in empList:
                print(" "*self.indent, newEmp.name,
                                    newEmp.salary)

                self.indent += 2
```

```
        self.addNodes(newEmp)
        self.indent-=2
```

员工列表的打印输出结果如下。

```
CEO 200000
 Marketing_VP 100000
   Sales_Mgr 50000
     Sales_0 39023
     Sales_1 36485
     Sales_2 35844
     Sales_3 32353
     Sales_4 32080
     Sales_5 33285
   Advt_Mgr 50000
     Secy 20000
 Production_VP 100000
   Prod_Mgr 40000
     Manuf_0 26536
     Manuf_1 29837
     Manuf_2 28931
     Manuf_3 28509
   Ship_Mgr 35000
     Ship_Clrk_0 20856
     Ship_Clrk_1 20552
     Ship_Clrk_2 20476
     Ship_Clrk_3 21465
```

如果希望获得员工的工资范围，你可以使用 Salary 类轻松计算它。

```
#compute salaries under selected employee
class SalarySpan():
    def __init__(self, boss, name):
        self.boss = boss
        self.name = name
    # print sum of salaries
    # for employee and subordinates
    def print(self):
        #search for match
        if self.name == self.boss.name:
            print(self.name, self.boss.name)
            newEmp = self.boss
        else:
            newEmp = self.boss.getChild(self.name)
        sum = newEmp.getSalaries()  # sum salaries
        print('Salary span for '+self.name, sum)
```

创建树视图

从顶部节点开始递归调用访问 addNode() 方法，直到遍历访问每个节点中的所有叶节点来加载树视图——就像我们在前面控制台版本中所做的一样，但每次只能加载一个树视图元素。

```python
# builds Treeview recursively, walking down the tree
    def addNodes(self, pnode, emp:Employee ):
        if not emp.isleaf:        # Bosses are not Leaves
            empList = emp.subordinates
            if empList != None: # must be a Boss
                for newEmp in empList:
                    newnode = Tree.tree.insert(pnode,
                                    Tree.index,
                                    text = newEmp.name)
                    self.addNodes(newnode, newEmp)
```

图 14-2 展示了最终的程序运行结果。

单击 Salaries 按钮可计算从 CEO 往下或者从单击的任何员工开始的所有人员的工资总和。

这个简单的计算以递归方式调用 getChild() 方法以获取该员工的所有下属。请注意，我们使用逗号格式字符串，在工资中插入逗号分隔。

```python
#click here to compute salaries for an employee
class SalaryButton(DButton):
    def __init__(self,  master, boss, entry,
                    **kwargs):

        super().__init__(master, text="Salaries")
        self.boss = boss
        self.entry = entry

    def comd(self):
        curitem = Tree.tree.focus() # get item
        dict= Tree.tree.item(curitem)
        name= dict["text"]              # get name

        # search for match
        if name == self.boss.name:
            print(name, self.boss.name)
            newEmp = self.boss
        else:
            newEmp = self.boss.getChild(name)
        sum = newEmp.getSalaries()

        # put salary sum in entry field
        self.entry.delete(0, "end")
        self.entry.insert(0, f'{sum:,}')
```

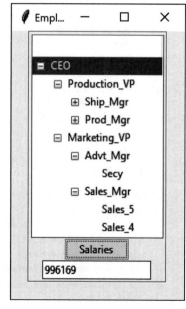

图 14-2　运行结果

使用双向链表

在上述程序中，在每个 Boss 类中保留了对列表中每个下属的引用。这意味着可以在链表中从 CEO 节点向下访问到任何员工节点，但无法向上移动以找出员工节点的主管节点。通过为每个员工子类提供一个构造函数（其中包含对父节点的引用）可以很容易地解决这个问题。

```
class Employee():
    def __init__(self, parent, name, salary:int):
        self.parent = parent
        self.name = name
        self.salary = salary
        self.isleaf = True
```

快速沿着树往上遍历访问，可产生一个报告链如图 14-3 所示。

```
emp = Tree.findMatch(self, self.boss)
quit = False
mesg = ""
while not quit:
    mesg += (emp.name +"\n")
    emp = emp.parent
    quit = emp.name == "CEO"
mesg += (emp.name +"\n")
messagebox.showinfo("Report chain", mesg)
```

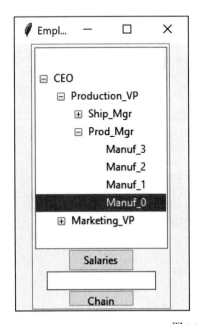

图 14-3　报告链

组合模式总结

组合模式允许定义对象和组合对象的类层次结构，使它们在客户端程序中看起来是相同的。因为节点和叶节点都由相同的方式处理所以客户端应用程序可以简单很多。

使用组合模式还可轻松地将新类型的组件添加到集合中，只要它们支持类似的编程接口即可。但是，这也带来应用程序过于通用的缺点。

组合模式的目的是构建包含各种相关类的树，即使某些类具有与其他类不同的属性，有些类也没有子节点的叶节点。在非常简单的情况下，可以仅使用单个类，它同时展现出父节点行为和叶节点行为。本章创建了一个始终包含员工列表的 Employee 类。此员工列表可以为空或包含员工，它决定了 getChild 和 remove 方法的返回值。在这个简单的例子中，程序不会抛出异常，并且始终允许将叶节点升级为子节点。换句话说，程序始终允许执行 add 方法添加叶节点。

组合模式的实现

递归调用

Boss 类和 Employee 类都可以在下属列表递归查找员工，也就是 Boss 类内部的 getSalaries 方法将调用自身去遍历员工树。这也意味着每一次新的调用都是 Boss 类的一个新的实例，将会产生新的实例变量。因此，对树视图的引用不能保存在 Boss 类中。

通过创建一个静态类 Tree 类解决这个问题，该类包含对树视图的引用，可以表达为 Tree.tree，它在创建 UI 时被初始化。在树视图的显示中，对选定的节点向下搜索员工树，并将该搜索方法放入 Tree 类中。

```python
class Tree():
    tree = None  # static variable
    index=0
    column=0

    # searches for the node that matches the
    # selected Treeview item.
    def findMatch(self,boss):
        curitem = Tree.tree.focus()  # get selected
        dict = Tree.tree.item(curitem)
        name = dict["text"]  # get name

        # search for match
        if name == boss.name:
            print(name, boss.name)
            newEmp = boss
        else:
            newEmp = self.boss.getChild(name)
        return newEmp
```

元素排序

在某些程序中，元素的顺序可能很重要。如果元素的顺序与它们被添加到父节点时的顺序有所不同，则父级节点需要做额外的工作才能以正确的顺序返回它们。例如，可以按字母顺序对原始列表进行排序，并将迭代器返回到新的排序列表。

缓存结果

如果需要经常请求必须从一系列子节点计算后获得的数据，那么将计算结果缓存在父节点中可能比较高效。然而，这适合计算相对密集且底层数据没有改变的情况，否则这种处理方式可能性价比不高。

GitHub 中的程序

❏ EmployeesConsole.py。
❏ Employees.py。
❏ DoublyLinked.py。

装饰器模式

装饰器模式提供了一种无须创建新的派生类即可修改单个对象行为的方法。假设有一个使用 8 个对象的程序，但其中 3 个对象需要一个附加功能。可以为每个对象创建一个派生类，在许多情况下，这是一个完全可接受的解决方案。但是，如果这 3 个对象中的每一个都需要不同的功能，这意味着需要创建 3 个派生类。此外，如果其中一个类具有其他两个类的功能，这么做将相当复杂。

装饰器模式可用于按钮等可视化对象，但 Python 有一套丰富的非可视化装饰器，下面将介绍这些装饰器。

要在工具栏中的一些按钮周围绘制一个特殊的边框，若创建一个新的派生按钮类，这意味着在这个新类中所有的按钮都将具有相同的新边框，然而这并不是我们想要的。这里创建一个装饰器类来装饰按钮。然后从主装饰器类派生出任意数量的特定装饰器，每个派生装饰器执行特定类型的装饰。要装饰按钮，装饰器类必须是从视觉环境中派生的对象，以便它可以接受绘画方法的调用，并将其他图形方法的调用转发给它正在装饰的对象。对象容器优于对象继承是另一种情况，此时装饰器是一个图形对象，但它包含正在装饰的对象。它可能会拦截一些图形方法调用，执行一些额外的计算，并可能将它们传递给它正在装饰的底层对象。

装饰按钮

在 Windows 平台（版本 Windows 10 及以下）运行的应用程序都有一排扁平的无边框按钮，当将鼠标移到它们上面时，这些按钮会用轮廓边框突出显示自己。一些 Windows 程序员将此工具栏称为 CoolBar，并将按钮称为 CoolButtons。

下面创建装饰器。装饰器应该从一些通用的可视化组件类中派生，然后实际按钮的每条消息都应该从装饰器转发。

使用 Python 做到这一点并不容易，因此这里使用的装饰器是从按钮中派生的。它所完成的功能只是拦截鼠标移动。装饰器模式是将装饰器这样的类设计为抽象类，并且从抽象类派生所有实际工作的（或具体的）装饰器，因为所有继承组件行为的基类都是具体的。

装饰器只是在鼠标进入按钮时更改按钮样式，并在鼠标退出时将其恢复为平面样式。

```python
# Derived Button intercepts mouse entry and changes
# the decoration of the button from flat to raised
class Decorator(Button):
    def __init__(self, master, **kwargs):
        super().__init__(master, **kwargs)

        self.configure(relief=FLAT)
        self.bind("<Enter>", self.on_enter)
        self.bind("<Leave>", self.on_leave)

    def on_enter(self, evt):
        self.configure(relief=RAISED)

    def on_leave(self, evt):
        self.configure(relief=FLAT)
```

使用装饰器

创建一个装饰器类实例作为装饰的按钮。这可以在构造函数中完成。下面创建一个包含两个 CoolButtons 和一个普通 Button 的简单程序。

```python
# creates the user interface
class Builder():
    def build(self):
        root = Tk()
        root.geometry("200x100")
        root.title("Tk buttons")
        #create two decorated buttons and one normal
        cbut = CButton(root)
        dbut = DButton(root)
        qbut = Button(root, text="Quit",
            command=quit)
        cbut.pack( pady=3)
        dbut.pack( pady=3)
        qbut.pack()
```

图 15-1 显示了当鼠标悬停在 "C Button" 按钮上时，这个程序运行的结果。

由此，这两个 CoolButtons 可以使用不同的装饰器。使用 tkinter ttk 工具包也可以提供类似的方法，GitHub 提供了相应的程序。

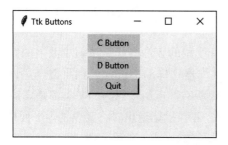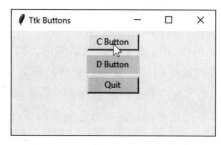

图 15-1　鼠标悬停在 "C button" 按钮上

使用非可视化装饰器

前面章节介绍了 @property 装饰器和 @staticmethod 装饰器。这些装饰器看起来像是编译器指令或某种宏，但它们实际上是调用的函数名称。例如，可以将 Python 中 staticmethod() 函数包裹在方法中。这个简单的属性标记使程序更易于阅读并且不易出错。

Python 3.9 文档中给出了如下一个非常简单的程序，可实现简单封装及其封装的空函数。

```
def deco(func):
    # adds a value to a new function property
    func.label = "decorated"
    return func

# Complete empty function,
# that is decorated by the "deco" decorator
@deco
def f():
    pass

print(f.label)
```

函数 f() 什么都不做，但 deco 封装函数添加了一个值为 "decorated" 的属性。当运行该程序时，print 函数将 f.label 打印输出为

```
Decorated
```

装饰代码

创建另一个装饰器封装函数。它完成函数封装和几条消息的打印输出。

```
# decorator that wraps a function
def mathFunc(func):
    def wrapper(x):
        print("b4 func")
        func(x)
```

```
        print("after func")
    return wrapper
```

创建一个简单的两行函数来封装。

```
# print out a name or phrase
def sayMath(x):
    print("math")
```

创建一个新版本的 mathfunc 封装函数，它封装了 sayMath 函数。

```
# create wrapped function
sayMath = mathFunc(sayMath)
```

sayMath 函数被 mathFunc 封装函数所取代。如果调用 sayMath(12)，程序运行结果如下：

```
call after making decorator
b4 func
math
after func
```

math 这个字符串信息被 mathFunc 封装起来了。

下面使用装饰器重写封装程序。

```
# Decorator wraps sayMath
@mathFunc
def sayMath(x):
    print("math")
```

@mathFunc 装饰器简单地封装了 sayMath 函数。

```
sayMath = mathFunc(sayMath)
print("call after making decorator")
```

以上是 Python 装饰器的全部内容，可以将创建的所有装饰器放在一个文件中，并将它们作为代码的一部分导入，但一般不希望执行太多次导入操作。

数据类装饰器

数据类装饰器 dataclass 是最有用的装饰器之一。每当创建一个新类时，都必须完成 __init__ 方法构建并将一些值复制到实例变量的样板中。

```
class Employee:
    def __init__(self, frname:str, lname:str,
                       idnum:int):
        self.frname = frname
        self.lname = lname
        self.idnum = idnum
```

在类中声明 init 方法参数，然后将它们复制到该实例的变量中。那么，如果每次创建类时几乎都要进行上述操作，那就使用数据类装饰器将其自动化。

```
@dataclass
class Employee:
    frname: str
    lname: str
    idnum: int
```

上述代码为用户提供了 init 初始化方法并完成复制。还需要导入包含此函数的库，每个模块导入一次即可。

```
from dataclasses import dataclass
```

当创建 Employee 的实例时，执行如下程序：

```
emp = Employee('Sarah', 'Smythe', 123)
print(emp.nameString())
```

参数的顺序与变量列表中的顺序相同。实际运行中，PyCharm 等 IDE 会自动识别这个装饰器（这只是一个函数调用）并弹出如图 15-2 所示的变量列表。

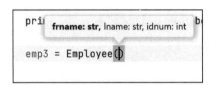

图 15-2　PyCharm IDE 显示 Employee 构造函数有关的信息

使用数据类装饰器处理默认值

数据类装饰器以相同的方式处理默认值。

```
class Employee2:
    frname: str
    lname: str
    idnum: int
    town: str = "Stamford"
    state: str = 'CT'
    zip: str = '06820'
```

此后，类即可正常工作。类的创建变得更容易了。

装饰器、适配器以及组合实体

这些类之间本质上存在相似性。适配器也是"装饰"了一个现有的类。不过，它们的功能是将一个或多个类的接口更改为对特定程序更便捷的接口。装饰器将方法添加到函数中而不是类中。组合实体本质上也是一个装饰器，但目的不同。

装饰器模式总结

与使用继承相比，装饰器模式提供了一种更加灵活的方法来向类中的函数添加功能。它还可自定义类，而无须在继承层次结构的高层创建子类。然而，装饰器模式有两个缺点：一是装饰器和它的封闭组件不完全相同。因此，对象类型的测试将会失败。二是装饰器可能导致大量的小对象，这些小对象对于试图维护代码的程序员来说看起来都很相似。这可能是一个令人头疼的维护问题。

装饰器模式和外观模式类似，外观模式是一种将复杂系统隐藏在更简单界面中的方法，而装饰器模式通过封装类来添加功能。下一章将讨论外观模式。

GitHub 中的程序

❑ SimpleDecoratorTk.py：使用 tkinter 为新函数属性添加值。

❑ SimpleDecoratorTtk.py：使用 tkinter ttk 工具包为新函数属性添加值。

❑ DecoCode.py：装饰一个数学函数。

❑ Decofunc.py：装饰器的内部函数。

❑ Dclass.py：具有数据类的 Employee 类。

❑ Dclasse.py：没有数据类的 Employee 类。

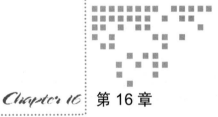

Chapter 16 第 16 章

外 观 模 式

程序的复杂性日益增加。尽管使用设计模式令人兴奋，但有时候这些模式会生成太多的类，以至于很难理解程序的流程。此外，可能有许多复杂的子系统，每个子系统都自带复杂的接口。

使用外观模式，可以为子系统提供简化的接口从而简化程序。这种简化在某些情况下可能会降低底层类的灵活性。

幸运的是，我们不必编写一个复杂的系统来展示外观模式在哪些情况下更有效。Python提供了一组类，通过开放数据库连接（ODBC）的接口可实现数据库的连接。借助 ODBC 连接类，可以连接到几乎任何数据库。

数据库本质上是一组表，其中一张表中的某列与另一张表中的某些数据相关，例如商店、食品和价格。创建查询时系统从这些表中计算并产出结果。查询采用结构化查询语言（SQL）来实现，结果通常是一个新表，其中包含从其他表计算得出的行数据。

Python 接口比面向对象的接口更具过程性，基于图 16-1 中的四个数据对象，可以简化接口。

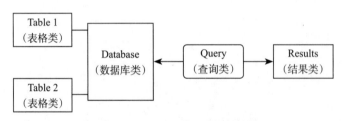

图 16-1　采用外观模式的数据对象

MySQL 数据库是一个成熟的工业级数据库，可以免费下载和使用。MySQL 数据库支持在笔记本电脑或服务器上安装和运行，也支持多人同时访问数据。然而，对于不需要共享数据的简单情况下，可以使用 SQLite 数据库。Python 提供驱动程序建立数据库连接。每个 SQLite 数据库都是一个单独的文件，没有嵌入到某些复杂的管理系统中，因此可以在需要时轻松将该文件发送给其他用户。

然而，创建由数据库类和结果类组成的外观模式，可以为数据库构建一个更有用的系统。

下面创建一个只包含食品、商店和价格的三张表的食品杂货数据库。图 16-2 展示了食品表。使用免费的 MySQL Workbench 应用程序来创建这个简单的数据库。SQLite 有一个类似的工具，叫作 SQLite Studio。

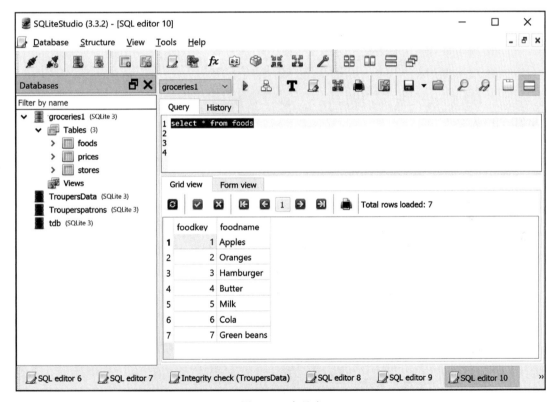

图 16-2 食品表

表可以包含任意多的列，但其中一列必须是关键字（通常是整数）。这张表只包含关键字和食物名称，另外两张表是商店表和价格表，如图 16-3 所示。

图 16-3 在顶部显示了完整的商店表，在底部显示了价格表的一部分。价格表显示了食品表中的关键字、商店表中的关键字和价格。可以使用 SQL 查询来获取所有苹果的价格。

	storekey	storename
1	1	Stop and Shop
2	2	Village Market
3	3	Shoprite

	pricekey	foodkey	storekey	price
1	1	1	1	0.27
2	2	2	1	0.36
3	3	3	1	1.98
4	4	4	1	2.39
5	5	5	1	1.98
6	6	6	1	2.65
7	7	7	1	2.29
8	8	1	2	0.29

图 16-3　商店表和部分价格表

创建外观类

连接 MySQL 数据库需要加载数据库驱动程序。

```
import pymysql
```

然后使用连接函数连接到数据库。请注意，这些参数需要包含关键字名称。

```
db = pymysql.connect(host=self.host,
    user=self.userid, password=self.pwd)
```

上述参数包含服务器、用户名、密码和数据库名称。

如果想列出数据库中表的名称，则需要查询数据库的名称。

```
db.cursor.execute("show tables")
rows = cursor.fetchall()
for r in rows:
    print(r)
```

以下程序本质上是单元素元组。

```
('foods',)
('prices',)
('stores',)
```

如果想执行查询，例如获取苹果的价格，则执行如下程序：

```
# execute SQL query using execute() method.
cursor.execute(
"""select foods.foodname, stores.storename, prices.price from prices
    join foods on (foods.foodkey=prices.foodkey)
```

```
        join stores on (stores.storekey = prices.storekey )
        where foods.foodname='Apples' order by price"""

row = cursor.fetchone()
while row is not None:
    print(row)
    row = cursor.fetchone()
```

查询结果显示如下：

```
('Apples', 'Stop and Shop', 0.27)
('Apples', 'Village Market', 0.29)
('Apples', 'ShopRite', 0.33)
```

假设所有的数据库类方法抛出的异常不需要复杂的处理。在大多数情况下，除非与数据库的网络连接失败，否则这些方法将不会出错。因此，我们可以将所有这些方法封装在类中，在这些类中只打印输出不常见的错误，不需要采取进一步的操作。这使得可创建，数据库类、表格类、查询类和结果类四个封装类，它们构成了外观模式。

这里的数据库类不仅连接到服务器并打开一个数据库，还创建了一个表格对象数组。

```python
class MysqlDatabase(Database):
    def __init__(self, host, username, password, dbname):
        self._db = pymysql.connect(host=host, user=username,
                                    password=password, database=dbname)
        self._dbname = dbname
        self._cursor = self._db.cursor()

    @property
    def cursor(self):
        return self._cursor

    def getTables(self):
        self._cursor.execute("show tables")

        # create array of table objects
        self.tables = []
        rows = self._cursor.fetchall()
        for r in rows:
            self.tables.append(
                Table(self._cursor, r))
        return self.tables
```

表格对象获取列名并保存。

```python
class Table():
    def __init__(self, cursor, name):
        self.cursor = cursor
        self.tname = name[0]      # first of tuple
        # get column names
        self.cursor.execute("show columns from " + self.tname)
        self.columns = self.cursor.fetchall()
```

```
    @property
    def name(self):        # gets table name
        return self.tname


    # returns a list of columns
    def getColumns(self):
        return self.columns
```

查询类执行查询操作并返回结果。

```
class Query():
    def __init__(self, cursor, qstring):
        self.qstringMaster = qstring    #master copy
        self.qstring = self.qstringMaster
        self.cursor = cursor

    # executes the query and returns all results
    def execute(self):
        print (self.qstring)
        self.cursor.execute(self.qstring)
        rows = self.cursor.fetchall()
        return Results(rows)
```

将查询字符串保存在 qstringMaster 中，当对不同的食物使用相同的查询时，就可以复制和修改它。

最后，简单的结果类按行保留。

```
class Results():
    def __init__(self, rows):
        self.rows = rows

    def getRows(self):
        return self.rows
```

通过增加迭代来逐行获取信息，然后根据需要进行格式化以增强类功能。

这些简单的类允许程序打开数据库，显示其表格名、列名和表格内容，并在数据库上进行简单的 SQL 语句查询。

程序 DBObjects 访问一个简单的数据库，其中包含三个当地市场的食品价格，如图 16-4 所示。

单击表格名将显示列名，单击列名将显示该列的内容。如果单击获取价格按钮 "Get prices"，则显示从右侧列表框中任意选中的食品价格，并以商店的顺序展示。

该程序首先连接到数据库并获取表格名称的列表。

```
db = MysqlDatabase('localhost', 'newuser',
                   'new_user','groceries')
```

然后程序运行一个简单的按表名查询。每个表在创建时运行一次按列名查询。当单击中间列表框中的列名称时，列的内容列表随机根据查询生成。

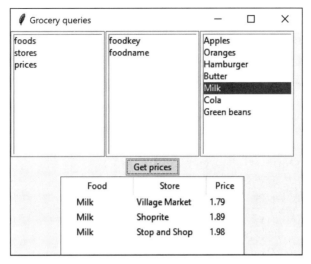

图 16-4　通过 DBObjects 展示杂货店物价

创建数据库和表格

通过对数据库、表和查询类稍作修改，可以创建数据库和表并填充表内容。然后通过类生成所需的 SQL 语句。在 GitHub 中可查阅完整的程序。

以下是创建数据库和表的程序。

```python
db = Database("localhost", "newuser", "new_user")
db.create("groceries")
med = Mediator(db)   #keeps the primary key string

# Create food table
foodtable = Table(db, "foods", med)
# primary key
foodtable.addColumn(Intcol("foodkey", True, med))
foodtable.addColumn (Charcol("foodname", 45))
foodtable.create()

vals = [(1, 'Apples'),    (2, 'Oranges'),
        (3, 'Hamburger'), (4, 'Butter'),
        (5, 'Milk'),      (6, 'Cola'),
        (7, 'Green beans')
        ]
foodtable.addRows(vals)

# create store table
storetable  = Table(db, "stores", med)
storetable.addColumn( Intcol("storekey", True, med)) # primary key
storetable.addColumn(Charcol("storename", 45))
storetable.create()
```

```
vals = [(1, 'Stop and Shop'),
        (2, 'Village Market'),
        (3, 'Shoprite')]
storetable.addRows(vals)
```

虽然价格表的数据更多，但实现方法是完全一样的。

```
pricetable = Table(db, "prices", med)
pricetable.addColumn(Intcol("pricekey", True, med))   # primary key

pricetable.addColumn(Intcol("foodkey", False, med))
pricetable.addColumn(Intcol("storekey", False, med))
pricetable.addColumn(Floatcol("price"))
pricetable.create()

vals = [( 1, 1, 1, 0.27),
        (2, 2, 1, 0.36), (3, 3, 1, 1.98),
        (4, 4, 1, 2.39), (5, 5, 1, 1.98),
# and so forth
]
pricetable.addRows(vals)
```

使用 SQLite

SQLite 数据库和表格的代码只有非常小的差异。为了说明类的强大功能，我们只需对方法稍作修改，就可以从数据库类创建一个派生类。例如，连接 SQLite 数据库只需指定文件名即可。SQLite 数据库没有"显示表格"的 SQL 命令，但仍然可以从数据库文件的主表中获取表名。

```
class SqltDatabase(Database):
    def __init__(self, *args):
        self._db = sqlite3.connect(args[0])
        self._dbname = args[0]
        self._cursor = self._db.cursor()

    def commit(self):
        self._db.commit()

    def create(self, dbname):
        pass

    def getTables(self):
        tbQuery = Query(self.cursor,
            """select name from
            sqlite_master where type='table'""")

        # create array of table objects
        rows = tbQuery.execute().getRows()
        for r in rows:
            self.tables.append(
```

```
          SqltTable(self._db, r))
      return self.tables
```

对派生类 SqltTable 的修改同样非常简单，应用程序 Groceries 访问 SQLite 数据库与访问 MySQL 版本数据库的运行结果完全相同。

用户可以从网站 sqlite.com 下载 Windows ZIP 压缩文件（以及许多其他文件），将其解压缩到任何易于访问的目录下，并将该目录添加到用户访问路径。Sqlite Studio 可从 sqlitestudio.pl 获得。

外观模式总结

外观模式使客户免受复杂子系统组件的影响，并可提供更为简单的编程接口，但在必要时也可使用更深层、更复杂的类。

此外，外观模式允许在底层子系统中更改代码而无须修改客户端代码，并且它减少了编译依赖性。

GitHub 中的程序

- ❑ Dbtest.py：非外观模式下测试数据库查询。
- ❑ SimpledbObjects.py：非用户界面查询。
- ❑ DBObjects.py：完整的数据库类集。
- ❑ MysqlDatabase.py：连接 MySQL 数据库。
- ❑ SqltDatabase.py：连接 SqLite 轻量级数据库。
- ❑ Makedatabase.py：创建杂货铺 MySQL 数据库。
- ❑ Makesqlite.py：创建 SQLite 数据库。
- ❑ Grocerydisplay.py：使用 MySQL 数据库展示杂货铺信息。
- ❑ GroceryDispLite：使用 SQLite 数据库展示杂货铺信息。

关于 MySQL

MySQL 数据库是个开源项目，它有一段复杂的历史：MySQL 最初被出售给 Sun Microsystems 公司，后来又被 Oracle 公司接管。Oracle 公司目前免费支持 MySQL，尽管该公司也提供付费版本。最初的 MySQL 数据库开发人员在离开该项目时，带走了 MySQL 代码并形成了 MariaDB（也是免费提供）。

对于大多数平台的 MySQL 用户，可以直接从 Oracle 网站（mysql.com）下载并直接安装使用。对于 Windows 平台用户，可借助 .msi 安装程序，它将帮助用户安装 Python 与

MySQL 协同工作所需的一切。

通过 pip 安装 pymysql 库的程序如下：

```
pip install pymysql
```

对于 PyCharm，这可以直接在命令行中完成。对于 VSCode，需要在 VSCode 内打开一个命令行，并将相关库安装在合适的位置。

当安装 MySQL 时，还需要创建 root 以外的用户，确保身份验证类型的设置为标准型，管理员的角色被设置为 DBA。

参考资料

https://dev.mysql.com/doc/refman/8.0/en/windows-installation.html

享 元 模 式

在编程中，有时需要生成数量众多的细粒度类实例来表示数据。这些类实例除了少数参数之外基本上是相同的，那么就可以大大减少需要实例化的不同类的数量。如果将这些变量移到类实例之外，并将它们作为方法调用的一部分参数传入，则可以通过共享实例大大减少单独实例的数量。

享元模式提供了处理此类的方法。一方面，享元对象能提供实例的内部数据，这使得实例保持唯一；另一方面，享元对象提供外部数据（作为参数传入）。享元模式适用于微小的、细粒度的类，如屏幕上的单个字符或图标等。例如，用户可能在窗口的屏幕上绘制一系列图标，其中每个图标代表一个人或一个文件夹中的数据文件（见图 17-1）。

在此情况下，为每个记录了人名和屏幕上图标位置的文件夹设置一个单独的类实例是没有意义的。通常，这些图标是几个相似的图像之一，在屏幕上绘制的位置是根据窗口大小动态计算的。

享元

享元是类的可共享实例。起初，每个类看起来都是一个单例模式，但实际上可能只有少量实例，例如每个字符对应一个实例或每种图标类型对应一个实例。必须在需要类实例时决定分配的实例数量。这通常通过 FlyweightFactory 类来实现。这个工厂类通常是单例模式，因为它需要跟踪一个特定的实例是否已经生成。然后，该类返回一个新实例或一个已经生成实例的引用。

要确定程序的某些部分是否适合使用享元，请考虑是否可以从类中删除数据并使其成为外部数据。如果这可以大大减少程序需要维护的不同类实例的数量，那么采用享元模式就会有所帮助。

程序示例

假设要为组织中的每个人绘制一个小文件夹图标，并在图标下标注姓名。如果这是一个大型组织，可能需要大量这样的图标，但这些图标实际上都是带有不同文本标签的相同图形图像。即使只有两个图标，一个代表"已选中"，一个代表"未选中"，不同图标的数量也是很少的。由此为每个人设置一个图标对象，一种资源浪费。图 17-1 展示了两种图标。

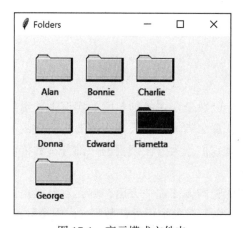

图 17-1　享元模式文件夹

创建一个 FolderFactory 类，它返回选定或未选定的文件夹绘图类，但在创建每个实例后不会创建其他实例，只根据选中状态返回文件夹。

```
# returns a selected or unselected folder
class FolderFactory():

    def __init__(self, canvas):
        brown = "#5f5f1c"
        self.selected = Folder(brown, canvas)
        self.unselected = Folder("yellow", canvas)

    def getFolder(self, isSelected):
        if isSelected:
            return self.selected
        else:
            return self.unselected
```

对于可能存在更多实例的情况，工厂模式保留一张已创建的实例表，然后仅当表中不存在实例时才创建新实例。

不过，使用享元的独特之处在于，在绘制时将要绘制的坐标和名称传递到文件夹中。这些坐标为外部数据，允许共享文件夹对象，只需要创建两个实例。下面的完整文件夹类只是用一种或另一种背景颜色创建了一个文件夹实例，并在指定的位置用公共绘制方法绘制文件夹。

```python
# draws a folder
class Folder():
    W =50
    H=30

    def __init__(self, color, canvas:Canvas):
        self._color = color
        self.canvas = canvas
# draw the folder
    def draw (self, tx, ty, name):
        self.canvas.create_rectangle(tx, ty,
            tx+Folder.W, ty+Folder.H, fill="black")
        self.canvas.create_text(tx+20, ty+Folder.H+15, text=name)
        self.canvas.create_rectangle(
            tx+1, ty+1, tx + Folder.W-1,
            ty + Folder.H-1,
            fill=self._color)
        #----And so forth ----
```

如果要按照上述方法使用享元类，用户的主程序就必须计算每个文件夹的位置并将其作为其绘制例程的一部分，然后将坐标传递给文件夹实例。这实际上很常见，因为需要根据窗口的尺寸使用不同的布局，并且不希望一直告诉每个实例它的新位置。相反，我们将在绘制例程中动态计算位置。

请注意，程序在一开始就生成一个文件夹数组，然后简单地扫描该数组以绘制每个文件夹。这样的数组不像一系列不同的实例那样浪费，因为它实际上是仅有的两个文件夹实例之一的引用数组。但是，因为希望将一个文件夹显示为选中状态，并且希望能够动态更改选中的文件夹，所以每次都使用文件夹工厂为用户提供正确的实例。

```python
def repaint(self):
    j = 0
    row = BuildUI.TOP
    x= BuildUI.LEFT

    # look for whether any is selected and
    # use the factory to create it
    for nm in self.namelist:

        f = self.factory.getFolder(
            nm == self.selectedName)
        f.draw( x, row, nm)
        x += BuildUI.HSPACE
        j += 1
        if j > BuildUI.ROWMAX:
```

```
    j = 0
    row += BuildUI.VSPACE
    x = BuildUI.LEFT
```

FlyCanvas 类是主要的用户接口类，用于排列和绘制文件夹，它包含 FolderFactory 类的一个实例和文件夹类的一个实例。FolderFactory 类包含文件夹类的两个实例——已选中和未选中，并将其中之一返回给 FlyCanvas 类。

选择文件夹

有已选中和未选中两个文件夹实例，希望能够通过将鼠标移到文件夹上来选择文件夹。在前面展示的绘图例程中，应用只是简单地记住已选中的文件夹的名称，然后让绘图工厂为其返回一个已选中的文件夹。这些文件夹不是单独的实例，因此应用无法监听每个文件夹实例中的鼠标运动。实际上，即使应用在一个文件夹中监听，也需要有一种方法来告诉其他实例取消选择自身。

我们在画布层面检查鼠标的位置。如果发现鼠标在文件夹矩形内，我们将相应的文件夹名称设为选定的名称。这允许在重绘时只需检查每个名称，并在需要的地方创建一个选定的文件夹实例。

```
# search to see if click is inside a folder
# changes the selected name so repaint draws
# a new selected folder
def mouseClick(self, evt):
    self.selectedName= ""
    found = False
    j = 0
    row =FlyCanvas.TOP
    x = FlyCanvas.LEFT
    self.selectedName = ""   #blank if not in folder
    for nm in self.namelist:
        if x < evt.x and evt.x < (x+ Folder.W):
            if row < evt.y and \
                evt.y < (row+Folder.H):
                self.selectedName = nm
                found = True
        j += 1
        x += FlyCanvas.HSPACE
        if j > FlyCanvas.ROWMAX:
            j=0
            row += FlyCanvas.VSPACE
            x = FlyCanvas.LEFT
    self.repaint()
```

写入时复制对象

享元模式只使用几个对象实例来表示程序中的许多不同对象。它们通常都具有与内部数据相同的基本属性，以及一些代表外部数据的属性，这些外部数据根据类实例的不同表现形式而变化。但是，其中一些实例最终可能会具有新的固有属性（例如形状或文件夹选项卡位置），并且需要类的新特定实例来表示它们。复制类实例，并在程序流指示需要新的单独实例时更改其固有属性，而不是预先将它们创建为特殊子类。因此，当更改不可避免时，类会复制自身，并更改新类中的那些固有属性。我们称这个过程为写入时复制（Copy-on-Write），并且将此过程运用到享元类以及许多其他类中，例如下一章将讨论的代理模式。

GitHub 中的程序

FlyFolders.py。

Chapter 18 第 18 章

代 理 模 式

当需要用一个更简单的对象来表示一个复杂或耗时的对象时，可使用代理模式。如果创建对象需要大量时间或计算机资源，使用代理模式可以将创建推迟到需要实际对象时再进行。代理模式通常与它所代表的对象具有相同的方法；加载对象时，它把方法的调用从代理传递给实际对象。

以下情况可使用代理模式。

1. 当一个对象（大图像）的加载时间比较长时。

2. 当对象位于远程机器上，通过网络加载速度很慢，尤其是在网络负载高峰期时。

3. 当对象具有有限的访问权限，代理模式可以帮助验证该用户的访问权限。

使用代理模式可区分对象——是需要请求一个对象实例，还是需要访问对象实例。例如，程序初始化会设置一些对象，这些对象不一定会全部立即使用，而是在需要时加载实际对象。

假设需要加载并显示一个大图像，当程序启动时，必须有显示图像的指示，以便正确布局屏幕，但实际的图像显示可以缓冲到图像加载完成之后。这对于文字处理程序和网页浏览等程序尤为重要，这些程序甚至在图像显示之前就先在图像周围布局文本。

使用 Python 图像库（PIL）

标准 Python 库仅支持 .png 文件和 .ppm 文件。要显示更常见的 .jpg 文件，需要用 Python 图像库（PIL）或 Pillow 对 Python 进行增强。访问 https://pypi.org/project/Pillow/#files 找到相应平台 Python 版本的安装文件，然后通过命令 pip 进行安装。

首先，打开 Python 本地目录，如 c:\users\yourname\Appdata\Local。

然后，访问子目录，如 Programs\Python\Python38-32。从 pypi 站点下载 .whl 文件并放到这个文件夹下，接着使用 pip 命令完成安装。

```
pip install Pillow-7 …  etc.
```

最后重新启动 Python 开发环境，就可以使用 Pillow 了。

使用 PIL 显示图像

以下程序把从一个 24 MB 的 JPG 文件（5168 × 4009 像素）缩小为 516 × 400 像素，以加快加载和显示速度。

使用 PIL，需要导入以下程序。

```
import tkinter as tk
from tkinter import Canvas, NW
from PIL import ImageTk, Image
```

通过调用 PIL 创建一个 PhotoImage，可以读入大型 .jpg 文件并将其缩小到其原始大小的约 10%。

```
root = tk.Tk()
root.title("Edward")
w = 516
h = 400
root.configure(background='grey')
path = "Edward.jpg"

# Creates a Tkinter-compatible photo image,
# using PIL to read the JPG file
img = Image.open(path)
img = img.resize((w, h), Image.ANTIALIAS)
self.photoImg = ImageTk.PhotoImage(img)
```

然后创建一个画布（Canvas），并通过调用 Canvas 类的 create_image 方法在画布上显示图像。

```
self.canv = Canvas(root, width = w+40, height = h+40)
self.canv.pack(side="bottom", fill="both", expand="yes")
self.canv.create_rectangle(20,20,w+20,h+20, width=3)
self.canv.create_image(20,20, anchor=NW, image=self.photoImg)
```

使用多线程加载图像

如果图像非常大，或者由于某种原因需要很长时间才能加载，采用图像代理模式是个好主意。主程序启动时，使用图像代理模式先绘制一个加载图像的框架，然后衍生一个单独的线程以获取和缩放图像。

下面创建画布并绘制占位矩形。

```
self.canv = Canvas(root, width = self.w+40, height = self.h+40)
self.canv.pack(side="bottom", fill="both", expand="yes")
self.canv.create_rectangle(20,20, self.w+20,self.h+20, width=3)
```

然后需要导入线程库和时间库，线程库运行线程，导入时间库是因为需要引入一个人为延迟来表示一个更长的进程。

```
import threading
import time
```

要拆分线程，需要创建一个线程系统调用函数。它可以是当前类中的一个简单函数，也可以是一个更复杂的函数。该函数至少需要一个线程 ID 参数，该参数可以是任何字符串。该参数被保存在 *args 数组中，可按位置获取，args[0] 是线程 ID，其余是线程本身的参数。这里的唯一参数是正在加载的图像文件名。

```
def thread_image(self,*args):
    name = args[0]          #thread identifier
    time.sleep(2)           # here is the delay
    # open the image, and scale it
    img = Image.open(args[1])   #image location
    img = img.resize((self.w, self.h),
                        Image.ANTIALIAS)
    self.photoImg = ImageTk.PhotoImage(img)
    self.canv.create_image(20, 20, anchor=NW,
                            image=self.photoImg)
```

要从主程序启动线程，需要创建一个线程并在该线程调用 start。

```
# set up the imaging thread
x = threading.Thread(target=self.thread_image,
                        args=(1,path))
x.start()          # start the thread here
```

请注意，thread_image 函数会休眠 2s。这表示线程使用了长延迟。该程序的执行结果首先是一个空帧，2s 后加载图像如图 18-1 所示。

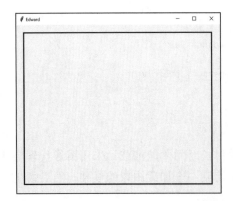 

图 18-1　2s 后的加载图像

多线程日志

编写简单的单线程程序，可以通过添加打印输出语句或使用调试工具以跟踪线程执行。但是，当有多个线程在同时运行时，跟踪线程会变得非常棘手，因为其他线程不会在控制台显示信息，这时可使用多线程日志记录，但必须在程序中包含 import 语句。

```
import logging
```

多线程日志记录有五个级别：调试、信息、警告、错误和严重。通过如下方法发出日志消息：logging.debug、logging.info、logging.warning、logging.error 和 logging.critical。这些消息被写入控制台或选择的日志文件中，调用如下方法可设置日志消息级别。

```
logging.basicConfig
```

比如：

```
format = "%(asctime)s: %(message)s"
logging.basicConfig(format=format,
            level=logging.INFO,
            datefmt="%H:%M:%S")
```

然后在任何线程的任何地方发出日志消息。

```
logging.info("Thread %s: starting", name)
```

将消息写入文件，需要在配置语句中包含日志文件名。

```
logging.basicConfig(format=format,
            level=logging.INFO,
            file= "logfile.log",
            datefmt="%H:%M:%S")
```

当需要调试多线程程序时，采用日志记录非常有用，因为查看不到其他线程的控制台输出信息。

写入时复制

使用代理模式可保存大型对象的副本。若创建了一个大型对象的第二个实例，代理模式可以不制作副本，只使用原始对象。如果程序在新副本中进行更改，代理模式可复制原始对象并在新实例中进行更改。当对象在实例化后并不常发生变化时，这可以极大地节省时间和空间。

对比相关模式

适配器模式和代理模式都是对象外围的一个层级结构。不同的是，适配器模式为对象提供了不同的接口，而代理模式为对象提供了相同的接口，且代理模式可以推迟处理或数据传输工作。

装饰器模式也与其包围的对象具有相同的接口，但其目的是为原始对象添加额外的（有时是可视的）功能。相比之下，代理模式可控制对包含的类的访问。

GitHub 中的程序

- ❑ Canvasversion.py：通过调用 PIL 显示图片。
- ❑ ThreadCanvas.py：先显示框架再显示图片。
- ❑ ThreadLogging.py：使用日志记录程序。
- ❑ Edward.jpg：代理加载图片。

第 19 章 *Chapter 19*

结构型模式总结

❏ 适配器模式，用于将一个类的接口转换为另一个类的接口。

❏ 桥接模式，旨在将类的接口与其实现分开，以便可以在不更改客户端代码的情况下改变或替换实现方式。

❏ 组合模式，一组对象，其中任何一个都可以是组合分支或叶节点。

❏ 装饰器模式，围绕给定类的类，为其添加新功能，并将所有未更改的方法传递给底层类。

❏ 外观模式，将一组复杂的对象组合在一起，并提供一个新的、更简单的接口来访问这些数据。

❏ 享元模式，通过将一些类数据移到类外部并在执行期间将其传入，从而限制小型相似实例的数量。

❏ 代理模式，它用一个简单的占位符对象来表示复杂的对象，一般来说复杂对象的实例化比较耗时或昂贵。

第四部分 *Part 4*

行为型模式

行为型模式是与对象间通信关联最密切的模式。

❑ 责任链模式允许对象之间解耦，即将请求从一个对象传递到链中的下一个对象，直到请求被识别。

❑ 命令模式使用简单的对象来表示软件命令的执行，并允许支持日志记录和可撤销操作。

❑ 解释器模式提供了如何在程序中包含语言元素的定义。

❑ 迭代器模式形式化了在类中移动数据列表的方式。

❑ 中介者模式定义了对象之间的通信方式，通过使用单独的对象来避免对象彼此了解。

❑ 观察者模式定义了将变化通知多个对象的方式。

❑ 状态模式允许对象在其内部状态发生变化时修改其行为。

❑ 策略模式将算法封装在一个类中。

❑ 模板方法模式提供算法的抽象定义。

❑ 访问者模式以非侵入方式向类添加多态函数。

责任链模式

责任链模式允许多个类在不知道其他类的功能的情况下尝试处理请求。它提供了这些类之间的松散耦合，即类之间唯一的共同链接是在它们之间传递的请求，请求一直传递直到其中一个类可以处理它为止。

责任链模式的一个例子是帮助系统，如图 20-1 所示。

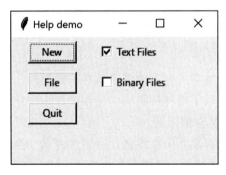

图 20-1　帮助系统界面

当选择一个区域需要获得帮助时，可视化控件会将其 ID 或名称转发给链。假设单击图 12-1 中的 New 按钮。如果图 12-2 中的第一个模块 New Button 可以处理该按钮，它会显示帮助消息；如果它不能处理，则会请求转发到下一个 File Button 模块。最终，消息被传递到"All Buttons"模块，该模块可以显示按钮的常规消息。然后再传递到 All Controls 模块，得知消息中是否有通用按钮帮助，如果没有，则消息将转发到 General Help 模块，显示系统的常规消息。如果 General Help 模块不存在，则消息丢失，不显示任何消息如图 20-2 所示。

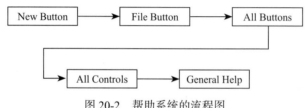

图 20-2 帮助系统的流程图

由此可知，链是从具体情况到一般情况的顺序组织的，而且不是在所有情况下请求都会得到响应。观察者模式定义了将发生的变化通知到多个类的方式。

责任链模式的使用场景

责任链模式减少了对象之间的耦合，这也适用于构成主程序并包含其他对象实例的对象。这种模式的使用场景如下：

❏ 某些对象具有类似的方法，这些方法适用于完成程序要求的操作。但是，具体由哪个对象执行操作由对象来决定，这比在调用代码时决定更为合适。

❏ 不想使用一系列 if-else 语句来选择特定对象。

❏ 当程序执行时，需要将新对象添加到处理选项的列表中。

❏ 在某些情况下，需要不止一个对象必须对请求采取行动，这些请求互动不能添加到调用的程序中。

程序示例

上述的帮助系统稍有点复杂。为了使程序具有可操作性，下面从一个简单的可视化命令解释程序开始，该程序展示了责任链是如何工作的。该程序显示输入命令的结果，这种责任链模式通常用于解析器甚至编译器。

在这个程序中，命令可以是图像文件名、通用文件名、颜色名称等。在上述三种命令下，可以显示用户请求的具体结果。其他命令只能显示请求文本本身。

图 20-3 所示的责任链说明如下：

❏ 键入 Mandrill 以查看图像文件 mandrill.jpg。

❏ 键入 venv，该文件名会在中心列表框中突出显示。

❏ 键入 blue，该颜色将显示在中央面板下方。

❏ 键入既不是文件名也不是颜色的任何内容，该文本将显示在右侧的最终列表框中。

该责任链模式流程图如图 20-4 所示。

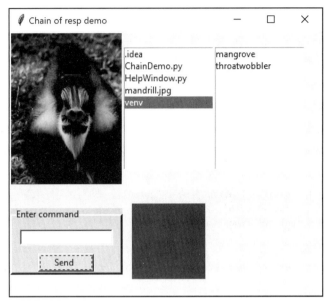

图 20-3 责任链的举例

图 20-4 责任链模式流程图

这个简单的责任链程序是从一个基链类开始的。

```
class Chain():
    def addChain(self, chain):
        self.nextChain = chain
    def sendToChain(self, mesg:str): pass
```

addChain 方法将另一个类添加到链类中。nextChain 属性将返回消息并转发到当前类。这两种方法允许动态修改链并在现有链当中添加类。sendToChain 方法将消息转发到链中的下一个对象。

ImageChain 类派生自 Canvas 类和 Chain 类。它获取消息并查找具有该根名称的 .jpg 文件。如果找到文件，则进行相应的显示。如果没有找到，则显示异常信息并沿着链继续查找。请注意，这里使用 PIL 提供的 ImageTk 类来读取 JPEG 文件。

```
# looks for jpg file to display
class ImageChain(Canvas, Chain):
    def __init__(self, root, **kwargs):
        super().__init__(root, **kwargs)
        self.root = root
        self.nextchain=None

    def sendToChain(self, mesg:str):
```

```
    try:
        img = Image.open(mesg + ".jpg")
        self.photoImg = ImageTk.PhotoImage(img)
        self.create_image(0, 0, anchor=NW,
                             image=self.photoImg)
    except:
        self.nextChain.sendToChain(mesg)
```

以类似的方式，ColorFrame 类只是将消息解释为颜色名称，并在可能的情况下显示它。tkinter 库支持八种命名颜色，可以将其放在一个集合中并检查输入的消息是否是该集合的成员。

```
self.colorSet = { "white", "black", "red", "green",
                  "blue", "cyan",
                  "yellow","magenta"}

def sendToChain(self, mesg:str):
    # if message is one of these colors
    # display it
    if mesg in self.colorSet:
        s = tkinter.ttk.Style()
        s.configure('new.TFrame', background=mesg)
        self.configure(style='new.TFrame')
    else:
        self.nextChain.sendToChain(mesg)
```

列表框

文件列表和无法识别的命令列表都是普通的列表框。ErrorList 类是链的末端，到达它的任何命令都简单地显示在列表中。

为了方便扩展，也可以将消息转发给其他类。

```
class ErrorList(Listbox, Chain):
    def __init__(self, root):
        super().__init__(root)

    def sendToChain(self, mesg: str):
        self.insert(END, mesg)
```

FileList 类调用 os.dir 以获取文件列表，并将当前目录中的文件列表加载到列表中。

```
class FileList(Listbox, Chain):
    def __init__(self, root):
        super().__init__(root)
        self.files = os.listdir('.')
        for f in self.files:
            self.insert(END, f)
```

sendToChain 方法在此列表中查找匹配项，如果找到则突出显示该文件名。

```
def sendToChain(self, mesg:str):
    index = 0
    found = False
    for f in self.files:
        if mesg == f.lower():
            self.selection_set(index)
            found = True
        index += 1
    if not found:
        self.nextChain.sendToChain(mesg)
```

最后，在构造函数中将这些类链接起来，形成链（Chain）。

```
# construct the chain
    self.entrychain.addChain(self.imgchain)
    self.imgchain.addChain(self.flistbox)
    self.flistbox.addChain(self.cframe)
    self.cframe.addChain(self.errList)
```

EntryChain 类是实现 Chain 接口的初始类。它接收单击按钮操作并从文本字段中获取文本。然后将命令传递给 ImageChai 类、FileList 类、ColorImage 类，最后传递给 ErrorList 类。

编写帮助系统

帮助系统是责任链模式的范例，构建一个具有多个控件窗口的帮助系统，当按下 F1（帮助）键时，程序会弹出帮助对话框消息，该消息取决于按下 F1 键时选择的控件。如果未选择控件，则会弹出一条通用帮助消息，如图 20-5 所示。

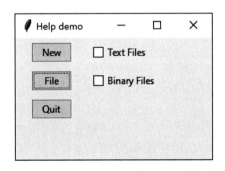 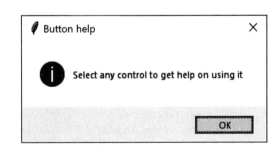

图 20-5　用户未选择控件时弹出的通用帮助信息

在这个帮助系统中，创建了从 DButton 类中派生出的 NewButton 类、Filebutton 类和 Quitbutton 类，以及从 Checkbox 类中派生的 TextCheck 类和 BinCheck 类。所有这些类同时继承自 Chain 类，除了将实际事件传递给类，其他与前面的程序非常相似。

```
# Chain base class
class Chain():
    def addChain(self, chain):
```

```
        self._nextChain = chain

    def sendToChain(self, evt):pass
```

将上述 5 个类组合成一条链，程序如下：

```
# construct the Chain of Responsibility
self.newButton.addChain(self.fileButton)
self.fileButton.addChain(self.quitButton)
self.quitButton.addChain(self.textCheck)
self.textCheck.addChain(self.binCheck)
```

接收帮助命令

下面分配键盘侦听器来查找 F1 按键。最初可能需要 6 个这样的侦听器，3 个用于按钮，2 个用于复选框，1 个用于背景窗口。但是，对于框架（Frame）窗口本身，实际上只需要 1 个侦听器。

按如下方式添加 <Key> 侦听器。

```
# connect the keystroke event monitor
self.frame.bind("<Key>", self.keyPress)
```

使用 self.focus_get() 获取具有当前焦点的组件，并沿着链发送该组件以获取系统提供的具体帮助消息。在每个帮助对象中，都有一个测试以确认是否是该帮助消息所描述的对象；测试要么显示相关消息，要么将对象转发到下一个链元素。对于 FileButton 类实现如下：

```
# the File button and help message
class FileButton(DButton, Chain):

    def __init__(self, root, **kwargs):
        super().__init__(root, text="File",
                         **kwargs)

    def sendToChain(self, evt):
        sel = self.focus_get()._name
        nm = self._name
        if sel.find(nm) >= 0:
            messagebox.showinfo("File button", "Opens an existing file")
        else:
            self.nextChain.sendToChain(evt)
```

检查

编程的关键是学会检查。上述程序需要检查的是链的最后一个元素 BinCheck 类。不过，焦点名称始终匹配，除此之外 sendToChain 永远不会被调用。

假设程序启动时，所有的对象都没有焦点。那么下面的方法不会执行成功。

```
sel = self.focus_get()._name
```

这是因为拥有焦点对象的是 Frame，而它没有 _name 方法——可通过捕获未知方法的异常或者测试来解决这个问题。

```
sel = self.focus_get()
```

该调用将返回 Frame 的名称，因此，程序必须对链的第一个元素进行测试，然后生成前面显示的通用帮助消息。

```
s1 = str(self.focus_get()) #check name of focus
if len(s1)>1:               #if it is "." its the frame
    sel = self.focus_get()._name #get the real focus
    nm = self._name         #and the name of this class

    if sel.find(nm) >=0: #sel will start with a "!"
        messagebox.showinfo("New button",
                            "Creates a new file")
    else:
        self.nextChain.sendToChain(evt)
else:
    # if no object has focus display general message
    messagebox.showinfo("Button help",
            "Select any control using the Tab key\n"
            + "to get help on using it" )
```

责任链的树结构

责任链通常是一个有多个特定切入点的树结构，如图 20-6 所示。

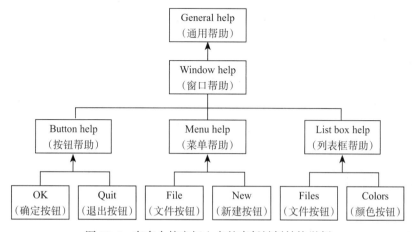

图 20-6　有多个特定切入点的责任链树结构举例

在某些情况下，这种结构让程序变得复杂，并且有时根本不需要用链实现。这时，可使用单一切入点的树结构，它可通过分支访问特定按钮、菜单或其他类型。在图 20-7 中，可以将类与单链表对齐，从底部开始，然后从左到右，一次向上一行，直到遍历了整个系统。

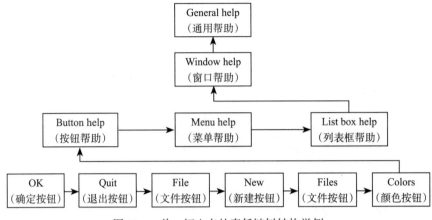

图 20-7 单一切入点的责任链树结构举例

请求的种类

责任链传递的请求或消息，实际上比上述程序中使用的字符串或事件要复杂得多。请求或消息可能包括各种数据类型，或者是具有多种方法的完整对象。由于责任链的各种类会使用请求对象的不同属性，因此需要构建一个抽象请求类型和许多带有附加方法的派生类。

责任链模式总结

1. 与其他几种模式一样，责任链模式的主要目的是减少对象之间的耦合。一个对象只需要知道如何将请求转发给其他对象即可。

2. 责任链中的每个对象都是独立的，只需要决定自身是否能满足请求。这使得编写每一个对象都非常容易，并且责任链的构建也非常容易。

3. 在责任键模式中，需要了解最终对象是以某种默认方式处理它收到的所有请求，还是将请求传递。

GitHub 中的程序

❑ ChainDemo.py：使用颜色和 mandrill 的链程序。

❑ HelpWindow.py：制作帮助窗口的程序。

❑ Mandrill.jpg：mandrill 图像文件。

第 21 章 *Chapter 21*

命令模式

责任链模式沿着链转发请求，而命令模式只将请求转发到特定对象。命令模式将特定操作的请求封装在一个对象中，并为其提供一个已知的公共接口。这种方式允许程序可以在不知道将要执行的实际操作的情况下发出请求，还允许在不以任何方式影响程序的情况下更改操作。命令模式包含一个在用户单击按钮时调用的 comd 方法。

命令模式的使用场景

Python 用户界面会提供菜单项、按钮、复选框等控件。当选择这些控件时，程序将调用相应的指定函数。在图 21-1 的窗口界面中，使用命令模式可以选择 File|Open，然后单击 Red 按钮，将窗口背景变为红色。

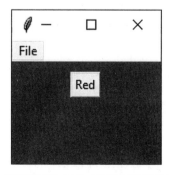

图 21-1 将背景变为红色（此处深色背景即为红色）

命令对象

使用命令模式并创建单独的命令（Command）对象可确保每个对象都能直接接收自己的命令。命令对象总是包含一个命令（comd）方法或执行（execute）方法，当对该对象执行操作时，该方法将被调用。一个命令对象至少实现了以下接口：

```
# Command interface
class Command():
    def comd(self):pass
```

使用此接口的目的是简化单击按钮时的调用操作访问。在本书中，我们采用了 comd 方法，也有人将其称为 execute 方法。下面将同时使用两种方法。

如果可以为每个执行所需操作的对象调用 execute 或 comd 方法，就可以把该做什么由所属对象内部来决定做什么，而不是让程序的其他部分来做这些决定。

命令模式的一个重要目的是将程序和用户界面对象与它们将执行的操作完全分开。换句话说，这些程序对象应该彼此独立，并且不必知道其他对象是如何工作的。用户界面接收命令，然后告诉命令对象执行它被要求执行的任何任务。

UI 不需要——也不应该——需要知道将执行什么任务。将 UI 类与特定命令的执行分离，从而可以在不更改包含用户界面类的情况下，修改或完全更改操作代码。

当程序在资源可用时执行命令而不是立即执行时，也可以使用 Command 对象。这种情况是将稍后执行的命令进行排队。最后，可以使用 Command 对象来记住操作，以便支持撤销请求。

键盘实例

在通常的用户界面中，有菜单项和按钮，调用 comd 方法，它会执行相应的功能，例如更改颜色或打开文件。

尽管这在带有 GUI 的程序（如 tkinter）中很常见，但它实际上并不局限于图形对象。例如，启动一个基于控制台的程序，通过按键选择一个对象，然后让它以相同的方式调用 comd 方法。

如果使用单个字符启动命令，则可以从控制台获取字符的 Python 输入方法，还可以使用键盘库以几乎相同的方式接收单个字符并对其进行操作。通过 pip 命令可以轻松安装该键盘库。

```
pip install keyboard
```

然后按照文档中的描述使用该库。键盘库内容非常广泛，这里只使用其中的部分功能。首先需要导入库。

```
import keyboard
```

这个键盘命令系统的主要程序如下：

```
# program starts here
kmod = KeyModerator()    # set up command classes

# wait for key presses
keyboard.on_press(callback=kmod.getKey, suppress=True)

#Wait for keys but relinquish time when not used
print("Enter commands: r, b, c or q")
while True:
    time.sleep(1000)
```

KeyModerator 类在其 getkey 方法中接收所有的按键事件。由于这个程序在持续监视键盘，所以必须把时间交给其他需要键盘的进程。因此，创建了 time.sleep(n) 方法，其中参数 n 是时间（s）。如果不这样做，其他窗口只能零星而缓慢地访问键盘。

从上面程序可以看出，这四个命令分别是 r、b、c、q。它们所做的是

❑ 文本变为红色。

❑ 将文本变成蓝色。

❑ 计算用户开始后经历的时间。

❑ 退出程序。

以下程序中的前两个命令对象是使文本变为红色和计算运行的时间。请注意，所有操作都发生在它们的 comd 方法中。

```
# A series of Command objects
class Ckey(Command):
    def __init__(self):
        self.start =time.time() # start timer
    def comd(self):
        self.end = time.time()
        elapsed = self.end - self.start #compute elapsed time
        print('elapsed: ',elapsed)
        self.start = self.end # new starting time


# prints green on red message
class Rkey(Command)    :
    def comd(self):
        cprint('Hello, World!', 'green', 'on_red')
```

用于打印输出彩色文本的程序包含在 termcolor 库中，可使用 pip 命令安装该库。这就是早期 cprint 方法的来源。这里引入这个库只是为了让程序保持简单。

其他两个类的程序如下：

```
# print blue on yellow message
class Bkey(Command):
    def comd(self):
        cprint('Feeling blue', 'blue','on_yellow')
```

```
# exits from the program
class Qkey(Command):
    def comd(self):
        print('exiting')
        os._exit(0)
```

如果正在使用键盘模块，则必须使用 os._exit 命令结束程序运行。

调用命令对象

重要的一点是，所有这些类都是 Command 对象，并且都使用相同的 comd 方法调用。所以可以设置 KeyModerator 类来创建实例并制作将要被调用的字典。

```
class KeyModerator():
    def __init__(self):
        # create instances of each command class
        self.rkey = Rkey()
        self.bkey = Bkey()
        self.qkey = Qkey()
        self.ckey = Ckey()
        self.funcs = {'r': self.rkey,
                      'b': self.bkey,
                      'q': self.qkey,
                      'c': self.ckey }
```

实际的 getkey 方法使用该字典完成所有工作：

```
def getKey(self, keyval):

    # call any command object using the dictionary
    # to fetch the right function
    func = self.funcs.get(keyval.name)
    func.comd()
```

该方法在字典中查找类并调用其命令对象来执行它。输出的屏幕截图如图 21-2 所示。

即使没有图形用户界面（GUI），命令模式也很有用。只要有几个具有相似功能的类可供选择，就可以使用它。

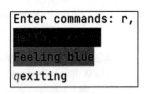

图 21-2　输出的屏幕截图

创建命令对象

为图 21-1 对应的程序构建命令对象有几种方法，每种方法各有优点。下面从最简单的方法开始：从菜单选项（MenuItem）类和按钮（Button）类派生出新类，并在每个类中实现 Command 接口。以下是按钮类和菜单类的扩展程序。

```
# Button creates a red background
class RedButton(DButton):
```

```
    def __init__(self, root):
        super().__init__(root, text="Red")
        self.root = root
    def comd(self):
        self.root.configure(bg='red')


    //-----------------------------------------
# exit menu
class Exititem(Command):
    def __init__(self, fmenu):
        fmenu.add_command(label="Exit",
                          command=self.comd)
    def comd(self):
        sys.exit()
```

下面方法无疑简化了 comd 方法中的调用，但需要为执行的每个操作创建并实例化一个新类。

```
# create menu bar
menubar = Menu(root)
root.config(menu=menubar)

# create top File menu
filemenu = Menu(menubar, tearoff=0)
menubar.add_cascade(label="File", menu=filemenu)

# add three menu items
fileitem = Openitem(filemenu)
svmn = SaveMenu(filemenu)
exititem = Exititem(filemenu)

rbutton = RedButton(root)          # red button
```

请注意，菜单类和按钮类可以存在于主类之外，甚至可以存储在单独的文件中。

命令模式介绍

目前来看，虽然将命令执行封装在命令对象中是有利的，但将对象绑定到执行元素（例如菜单项或按钮）上并不是命令模式的真正目的。相反，命令对象应该与调用它的客户端分开，这样就可以分别改变调用程序和命令执行的细节。命令并不是菜单或按钮的一部分，而是为独立存在的命令对象创建菜单和按钮类容器。

命令模式总结

命令模式的主要缺点是小类过多使内部主类或外部程序命名空间变得混乱。即使将所有comd事件放在一个篮子中，通常也会调用小的内部方法来执行实际功能。事实证明，这些内部方法与用户的内部小类一样多，因此内部类方法和外部类方法之间的复杂性通常差别不大。

撤销操作

使用命令模式可轻松实现存储和撤销操作。在计算资源和内存占用不是太高的情况下，每个命令对象都可以记住它刚刚做了什么，并在请求退回时轻松恢复该状态。在顶层，我们简单地重新定义 Command 接口，它包含以下两个方法。

```python
# Command object interface
class Command():
    def execute(self):pass
    def undo(self):pass
```

每个命令对象需要记录它最后所做的操作，以便后续可以撤销此操作。这可能比原设计看起来要复杂一些，因为执行许多交错的命令后再撤销会导致迟滞。此外，每个命令都需要存储大量每次执行命令的信息，以便判断哪些命令需要撤销。

下面说明如何使用命令模式来执行撤销操作，创建 Red 按钮和 Bule 按钮并在屏幕上绘制连续的红色或蓝色线条，为每个线条绘制一个新实例（见图 21-3）。然后单击 Undo 按钮可撤销所绘制的最后一条线，如图 21-4 所示。

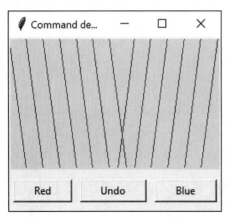

图 21-3　绘制连续的红色或蓝色线条

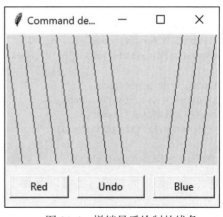

图 21-4　撤销最后绘制的线条

这里用堆栈结构保存执行的命令列表，可以将新执行的命令追加到栈的末尾并使用 pop 方法从栈尾删除命令。每个命令的 execute 方法将在屏幕上绘制相应线条。

```python
# Button command,
class ButtonCommand(Command):
    def __init__(self, button, x1, y1,
                    x2, y2, color):
        self.canvas = button.getCanvas()
        self.button = button
        self.x1, self.x2 = x1, x2
        self.y1, self.y2 = y1, y2
        self.color = color

    def execute(self):
```

```
            self.canvas.create_line(self.x1,
                    self.y1, self.x2, self.y2,
                            fill=self.color)
        def undo(self):
            self.button.undo()
```

命令栈（CommandStack）是这些命令的数组。每次单击红色或蓝色按钮时，程序会相应地创建一个 ButtonCommand 实例并将其添加到该数组中。

```
# stack of commands generated by the Red and Blue buttons
class CommandStack():
    def __init__(self, canvas):
        self.commands = []  # stack of commands
        self.canvas = canvas
    # add line and draw it
    def addDraw(self, command):
        self.commands.append(command)
        command.execute()    # draw the line

    # redraw all the lines
    def redraw(self):
        # remove lines
        self.canvas.delete('all')

        for comd in self.commands:
            # redraw remaining
            comd.execute()


    # pops last command off the stack
    # and returns command to call its Undo
    def undo(self):
        comd=None
        if len(self.commands) > 0:
            comd = self.commands.pop()
            self.redraw()
        return comd
```

创建红色和蓝色按钮

单击任一按钮都会创建一个 ButtonCommand 对象并将其放入命令堆栈。红色按钮会将 x 前移 20 像素，蓝色按钮会将 x 向左移动 20 个像素。

```
# draws red diagonal line and advances x coord
class RedButton(DButton):
    def __init__(self, root,
                canvas:Canvas,stack:CommandStack):
        super().__init__(root, text="Red")
        self.root = root
        self.canvas=canvas
        self.stack = stack
```

```
            self.x = self.y = 0

    # create a button command on the stack and draw it
        def execute(self):
            bcomd = ButtonCommand(self,
                    self.x,self.y,
                    self.x+20,self.y+150,'red')
            self.x += 20            # move red to right
            self.stack.addDraw(bcomd) # push it and draw

    # returns canvas
        def getCanvas(self):
            return self.canvas

    # resets x coord back one line
        def undo(self):
            self.x -= 20
```

撤销线条

撤销按钮只需从列表中删除最后一个命令，然后重新绘制剩余的线条。它还调用按钮的撤销（undo）方法，将 x 向后移动 20 个像素，以便线坐标为下一次绘图命令做好准备。

```
# Undo button pops one command off the stack
# and calls its Undo
class UndoButton(DButton):
    def __init__(self, root, stack:CommandStack):
        super().__init__(root, text="Undo")
        self.root = root
        self.stack = stack

    def execute(self):
        comd = self.stack.undo() # remove last comd
        if comd != None:
            comd.undo()        # undo x coordinate
```

总结

在第 2 章中，我们已经了解了 Command（命令）接口并在 DButton 派生类和派生的菜单类中使用了它。这使得所有这些对象都支持 Command 接口。

本章介绍的命令模式引入了命令对象，这些对象实际上为实现了按钮和菜单的功能，并在命令栈的帮助下提供了撤销命令的简单方法。

参考资料

1. https://github.com/boppreh/keyboard#keyboard。

2. https://pypi.org/project/termcolor/。

GitHub 中的程序

❑ keyboardCommand.py：使用键盘的命令。
❑ RedCommand.py：菜单及红色按钮。
❑ UndoDemo.py：绘制和撤销红色和蓝色线条。

Chapter 22 | 第 22 章

解释器模式

解释器模式的使用场景

当一个程序可以处理不同但有些相似的实例时，需要使用一种简单的语言来描述这些实例，再通过应用语法规则解释该语言。这种情况可以像许多办公套件程序提供的那种宏语言记录工具一样简单，也可以像 Microsoft Office 中的 VBA 一样复杂。

识别一种语言在何种情况下可以发挥作用是非常重要的。宏语言记录工具只是简单地记录菜单和按键操作，供以后使用，勉强算是一种语言，但它没有书面形式或语法。VBA 等语言非常复杂，超出了程序开发人员的能力范围。此外，商业语言还需要许可费用，这降低了对大家的吸引力。

解释器模式适用的场景一般有三种：

1. 当需要命令解释器来解析命令时，可以通过查询并获得答案。

2. 当程序必须解析代数字符串时，需要进行相应的计算。此情形经常发生在数学图形相关的程序中，程序根据方程式计算的结果来渲染曲线或曲面。Python 中嵌入的 Mathematica 和绘图包等程序就是这样工作的。

3. 当程序必须产生不同类型的输出时，解释器模式更有用。有一种报表生成器程序，它可以按任何顺序显示数列，也能以各种方式对数列进行排序。虽然底层数据可能存储在关系数据库中，但报表生成器程序的用户界面通常比 SQL 语言简单得多。事实上，在某些情况下，简单的报表语言可能会被报表程序解析并翻译成 SQL 语句。

简单的报表实例

一个简化的报表生成器可以对表中的五列数据进行操作并返回关于这些数据的报表。假设从游泳比赛数据中得到以下结果：

```
Amanda McCarthy          12  WCA        29.28
Jamie Falco              12  HNHS       29.80
Meaghan O'Donnell        12  EDST       30.00
Greer Gibbs              12  CDEV       30.04
Rhiannon Jeffrey         11  WYW        30.04
Sophie Connolly          12  WAC        30.05
Dana Helyer              12  ARAC       30.18
```

上述结果分别对应名字、姓氏、年龄、俱乐部和比赛用时。如果是51名游泳运动员的完整比赛结果，那么，按俱乐部、姓氏和年龄对这些结果进行排序可能更方便。我们还可以从这些原始数据中生成许多易于使用的报告，其中列的顺序和排序都会发生变化。

下面程序定义了一个非常简单的非递归语法，

```
Print lname frname club time Sortby time Thenby club
```

然后用下面的三个动词，以方便说明。

```
Print
Sortby
Thenby
```

如下是前面所述的名字、姓氏、年龄、俱乐部和比赛用时。

```
Frname
Lname
Age
Club
Time
```

为方便起见，假设程序不区分大小写，不含标点符号。

Print var[var] [sortby var [thenby var]]

最后，语句只用了一个主动词。尽管每条语句都是一个声明，但是这个语法不含赋值语句和计算能力。

解释语言

解释语言分三步进行：

1. 将语言符号解析为语言标记。

2. 将标记还原为动作。

3. 执行动作。

我们通过使用字符串的拆分（split）方法，将字符串分隔来解析这种简单语言，然后创建包含它们的变量和动词对象，并将之放入堆栈中。

解析后，堆栈信息显示如下：

```
Type        Token
Var         Club              <-top of stack
Verb        Thenby
Var         Time
Verb        Sortby
Var         Time
Var         Club
Var         Frname
verb        Lname
```

Thenby 除了阐明语句之外没有任何实际意义，那么，解析字符串标记并可完全跳过动词 Thenby，初始堆栈信息显示如下：

```
Club
Time
Sortby
Time
Club
Frname
Lname
Print
```

通过将变量名复制到下一个变量的数组中可减少堆栈，它类似于一次下降一个台阶，如图 22-1 所示。

Time [Club]	Sortby [Time ,Club]
Sortby	Time
Time	Club
Club	Frname
Frname	Lname
Lname	Print
Print	

图 22-1 减少堆栈的方式①

然后对两项参数 Time 和 Club 执行排序（动词 SortBy），并将其从堆栈中移除。四个变量以类似的方式减少和复制，如图 22-2 所示。

Time	Club [Time]	Frname [Club,Time]	Lname [Frname, Club, Time]
Club	Frname	Lname	Print
Frname	Lname	Print	
Lname	Print		
Print			

图 22-2 减少堆栈的方式②

最后，Print 包含以下参数：

```
Print [Lname, Frname, Club, Time]
```

执行时，每个字段生成字符串，添加字符串到列表中并传递给 Interp 命令，显示在列表框中。

语句解析

语句解析将要解释的字符串分隔为单词标记，然后从中创建变量和动词对象。使用 Python 集合描述来查看一个单词标记是否是合法的变量或动词的成员：

```
class Parser():
    verbs= {"print", "sortby"}
    variables = {"lname", "frname", "club",
                 "time", "age"}
```

将命令行分隔为单词标记：

```
tokens = commands.split()
```

然后使用 set in 运算符创建动词或变量对象，决定每个标记属于哪个类别。将每个对象添加（推送）到堆栈中。

```
for tok in tokens:
    if tok.lower() in Parser.verbs:    # it's a Verb
        self.stack.append(Verb(tok,
                          self.swmrs, bldr))
    # or a Variable
    if tok.lower() in Parser.variables:
        self.stack.append(Variable(tok))
```

变量和动词类非常相似，每个都包含一个字符串标记列表，这些标记随着对象的组合而逐渐积累。

```
class Variable():
    def __init__(self,varname):
        self.varlist = []
        self.varlist.append(varname)

# appends all the variables from previous token
    def append(self,var:Variable):
        vlist = var.getList()
        for v in vlist:
            self.varlist.append(v)

    def getList(self):
        return self.varlist
```

动词类非常相似，它还包含一个创建一个 Command 对象的 comd 方法。当所有字符串标记都添加到动词类后开始执行排序或打印输出命令。由于只有两个动词，这里的操作非常简单易懂。

```python
def comd(self):
    # Sort by one field
    if self.getName().lower() == "sortby":
        sorter = Sorter(self.swmrs)
        self.varlist.pop(0)    #remove "sortby"
        for v in self.varlist: # multiple sorts here
            sorter.sortby(v)

    # generate a List of lines to display
    if self.varname.lower() == "print":
        self.varlist.pop(0)   # remove "print"
        pres = Printres( self.varlist, self.bldr)
        plist = pres.create(self.swmrs)
```

使用 attrgetter() 函数分类

关键字变量是 Swimmer 类中的字段名称——名字（frname）、年龄（age）、比赛用时（time）等，但如何获得每个游泳者的这些字段的值呢？

Python 为此需求提供了 attrgetter 运算符，可以使用此运算符创建一个函数来获取任何字段的内容，前提是它不是带有前导下划线的半私有函数。

```python
def sortby(self, vname):
    # bubble sort on one field
    f = attrgetter(vname) #function to access field
```

然后函数 f 返回相应姓名的字段内容。

```python
f = attrgetter("frname")
```

如下的复制语句将返回运动员的 sw.frname 字段。

```python
name = f(sw)
```

此处，在冒泡排序中使用它。

```python
f = attrgetter(vname) #function to access field
for i in range(0, len(self.swmrs)):
    for j in range(i, len(self.swmrs)):
        if f(self.swmrs[i]) > f(self.swmrs[j]):
            temp=self.swmrs[i]
            self.swmrs[i] =self.swmrs[j]
            self.swmrs[j] = temp
```

打印输出

打印输出（Print）时使用 attrgetter 运算符。这里生成这些函数的数组——一个用于每个要打印输出的变量。

```
# create list of functions to fetch from Swimmer
for v in varlist:
    self.functions.append(attrgetter(v))
```

使用该数组为每个游泳者创建结果字符串。

```
for sw in swmrs:
    sline=""
    for f in self.functions:  # go through functions
        sline += str(f(sw)) +"   " # and swimmers
    self.printList.append(sline)  # save in List
```

控制台界面

从命令行运行整个程序，输入要解释的字符串，调用代码为 Builder 类。

```
# creates the needed classes and reads in the file
class Builder():
    def __init__(self):
        self.plist = []
    def setPlist(self, pl):
        self.plist = pl
    def getPlist(self):
        return self.plist
    def build(self):
        swmrs = Swimmers("100free.txt")

        commands = ""
        while commands != 'q':
            commands = input('Enter command: \n')
            interp = Interp(self)
            interp.comd(commands)
            # result is returned in self.plist
                # print it out
            for p in self.plist:
                print(p)
```

用户可看到部分输出如下：

```
Enter command:
Print lname frname club time Sortby time Thenby club
Slater    Emily   BRS    57.26
Amendola  Alesha  BRS    57.34
McLellan  Ashley  CDEV   56.85
Fiore     Stephanie CDEV  58.14
Schwartz  Robyn   CDEV   59.02
Gibbs     Greer   CDEV   59.04
```

用户界面

创建一个小的输入字段和基于列表框的用户界面，可完成同样的功能，除了将输出结果填充到列表框而不是打印输出。

再次按下 Interp 按钮可以更改命令字符串并即时查看输出结果，如图 22-3 所示。

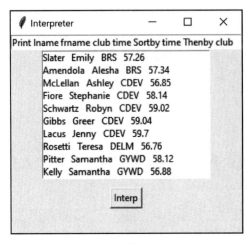

图 22-3 输出结果

解释器模式总结

使用解释器模式时，需要提供一种简单的方法，以便用户输入该语言的命令。它可以像宏录制按钮一样简单，也可以是一个可编辑的文本字段。

但是，引入一种语言及其附带的语法还需要进行相当广泛的错误检查，错误有术语拼写错误、语法元素放错位置等，它们很容易消耗大量的编程时间，除非提供一些模板代码用于此类检查；此外，还需要告知用户这些错误的方法不太容易设计和实现。

在解释器模式示例中，唯一的错误处理是不能将无法识别的关键字转换为变量并放入堆栈，因此生成的堆栈序列可能无法成功解析内容，也不会执行任何操作——或者，如果可以的话，应用不会包含拼写错误的关键字字符串。

从单选按钮、命令按钮和列表框的用户界面自动生成一种语言。拥有这样的界面接口虽然看起来大幅减少了对语言的依赖，但对序列和计算的要求保持不变。当需要一种方法来指定对序列操作的顺序时，编程语言是一种很好的实现方法，即使该语言是从用户界面生成的。

解释器模式的优势在于，在构建了通用的解析和还原工具后，可以相当轻松地扩展程序或修改语法。一旦构建好基础，还可以很容易地添加新的动词或变量。

事实上，当需要为 Age 添加关键字时，已经充分测试了这个程序，唯一需要做的更改是将"age"添加到变量集中，程序便可正确运行。

最后，随着句法规则和语法变得越来越复杂，创建程序将面临难以维护的风险。这或多或少是使用解释器的上界约束。

GitHub 中的程序

在下面这些程序中，请务必将数据文件（100free.txt）与 Python 文件存放在相同的文件夹中。在 VSCode 或 PyCharm 软件中，同时需确保所有文件是项目的一部分。

❏ InterpretConsole.py：控制台版本。

❏ Interpreter.py：解释器完整程序。

❏ 100free.txt：游泳选手的数据文件。

迭代器模式

迭代器模式是最简单和最常用的设计模式之一。它采用标准接口遍历列表或数据集合，而无须了解该数据的内部详情。此外，它可以定义特殊的迭代器来执行一些特殊的操作，并且只返回数据集合的指定元素。

迭代器模式简介

迭代器模式能够提供一种方法遍历访问一个聚合对象中的所有元素，而不会暴露该类的内部表示。因为迭代器类定义了接口，可以方便地返回数据。合适的迭代器接口如下所示：

```
class Iterator
    def first(): pass
    def next(): pass
    def isDone(): pass
    def currentItem(): pass
```

从列表顶部开始可在列表中查看是否还有更多元素，并找到当前列表项。这个接口很容易实现，但是 Python 中选择的迭代器是简单的二元迭代器：

```
def iter(): pass
def next(): pass
```

不含从列表顶部开始查询的方法刚开始可能有些约束，但在 Python 中这不是一个很大的问题，因为按照惯例每次用户在列表中查询，都会获得迭代器的一个新实例。

for 循环迭代器

for 循环为一个幕后迭代器，这里使用该循环遍历列表。

```
# Iterate through an array
people = ["Fred", "Mary", "Sam"]
for p in people:
    print (p)
```

上述代码将输出以下结果：

```
Fred
Mary
Sam
```

遍历集合、元数组、字典甚至文件，所有这些都称为可迭代容器，从中获得相应的迭代器。

斐波那契迭代

创建一个可以迭代的类，但不是已有的内置可迭代类型之一。创建可迭代类必须包含以下方法：

```
__init__()
__iter__()
__next__()
```

因为这些方法被双下划线包围，有时候它们被称为魔术方法。

__init__() 方法是可选的，但它必须返回一个迭代器 [几乎总是返回自身（self）] 通过调用 StopIteration 异常来终止迭代。在此实例中，当返回值超过 1000 时将会执行迭代终止操作。当然，可根据需要在 __init__ 方法中对迭代终止条件进行调整。

```
class FiboIter():
    def __init__(self):
        self.current = 0      # initialize variables
        self.prev = 1
        self.secondLast = 0

    def __iter__(self):
        return self                   # must return iterator

    # each iteration computes a new value
    def __next__(self):
        if self.current < 1000:   # stops at 1000
            # copy n-1st
            self.secondLast = self.prev
            self.prev = self.current # copy nth to p
```

```
            # compute next x as sum of previous 2
            self.current = self.prev
                        + self.secondLast
            return self.current
        else:
            raise StopIteration
```

要创建和调用迭代器，可以创建一个实例并调用它，直到迭代循环达到 1000 次。

```
fbi = FiboIter()     # create iterator

# print out values until 1000 is exceeded
for val in fbi:
    print(val, end=" ")
print("\n")
```

获取迭代器

通过 iter() 函数获取当前迭代器本身，然后调用 next() 函数获取每个连续元素值。当不能使用 for 循环运行迭代时，这种方法很有用。

```
val = 0
fbi = FiboIter()
fbit = iter(fbi)

while val<1000:
    val = next(fbit)
    print(val, end=" ")
```

在这两种情况下，程序都将打印输出以下结果：

1 1 2 3 5 8 13 21 34 55 89 144 233 377 610 987 1597

还可以使用迭代器提取数组的元素并将其存储在其他地方。

```
# iterate to get elements and store them
person = ["Fred", "Smith", "80901210"]
pIter = iter(person)

frname = next(pIter)
lname = next(pIter)
serial = next(pIter)
print(frname, lname, serial)
```

筛选迭代器

筛选迭代器只返回满足某些特定条件的值。例如，可以返回以某种特定方式排序的数据，或仅返回符合特定条件的对象。假设只想枚举属于某个特定俱乐部的游泳运动员，程序需要在返回每个运动员名字之前检查其俱乐部会员资格。创建一个迭代器，其 __init__ 方法包括游泳运动员列表和要过滤的俱乐部名称。

```
# Filtered iterator returns only members of one club
class SwmrIter():
    def __init__(self, club, swmrs):
        self.club = club
        self.swmrs = swmrs
    def __iter__(self):
        self.index = 0
        return self

    # Next operation returns next swimmer in list
    # that is a club member
    # Terminated with StopIteration when the index
    # pass the end of the list
    def __next__(self):
        found = False
        while not found and \
                self.index < len(self.swmrs):
            swm = self.swmrs[self.index]
            if swm.club == self.club:
                found = True
                self.index += 1
                return swm.getName()
            else:
                self.index += 1
                found = False
        raise StopIteration
```

　　程序最核心的功能可以通过 next() 方法调用完成，该函数迭代遍历运动员俱乐部，筛查构造方法中指定的下一名游泳者，并将该游泳者保存在 swm 变量中或将其设置为 null。然后 next() 方法返回值为 true 或 false。程序遍历列表中的所有游泳者，直到最后抛出 StopIteration 错误表示迭代终止。

　　图 23-1 为筛选后的迭代器结果。窗口左侧显示了所有游泳者。程序允许选择一个俱乐部，并将属于单个俱乐部的游泳者填充到右侧的列表框中。

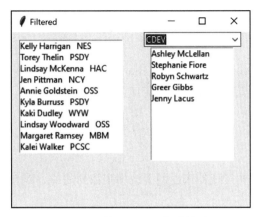

图 23-1　筛选后的迭代器结果

当不需要所有俱乐部的列表时，可以创建一个空集合并将所需俱乐部名称添加到此集合中，然后将该集合复制到列表中并进行排序。

```
# creates a set of club names
# using the set to eliminate duplicates
self.clubs = set()
for sw in self.swimmers:
    self.clubs.add(sw.club)
```

用生成器创建迭代器

可以使用 Python 生成器来创建迭代器。尽管生成器描述了方法途径，其中重要的新概念是 yield 关键字。生成器的功能是返回迭代器，并可将其用于遍历集合系列值。

Python 添加生成器是为了提供一种方法来遍历非常大的数据集，从而节省大量的可用内存。文档 PEP-25 对此进行了详细描述。

生成器不是使用 return 语句返回数据，而是使用关键字 yield 返回数据。当使用 yield 关键字时，该函数及其所有内部变量都保持活跃状态，并且在该函数使用 yield 返回值后恢复原状。

下面以一个非常简单的例子来说明这一点，例如，需要编写一个函数来计算一系列连续数字的平方，程序如下：

```
def sqrit(max=0):
    n = 0
    while n < max:
        yield n*n        # return each result
        n += 1           # code resumes here
```

此函数从零开始计数，并在每次调用时返回连续数的平方。代码每调用此函数一次，获取迭代器，然后迭代访问数字列表。

```
# call sqrit and iterate up to max
sq = sqrit(10)  # returns an iterator
for s in sq:
    print(s)
```

如果 sqrit 函数包含 yield 语句而不是 return 语句，它就会变为生成器。如用户所见，该函数返回一个迭代器，无须用户编写任何烦人的魔术方法代码。

斐波那契迭代器

下面编写一个稍高级的迭代器来返回斐波那契数列的值，看看这个迭代器是多么简单。如下为生成器函数程序。

```
def fibo(max=0):
    current, prev = 0, 1      # initialize variables

    while current < max:      # but stops at max
        secondLast, prev = prev, current

        # compute next x as sum of previous 2
        current = prev + secondLast
        yield current         # returns next value in series
```

调用例行程序几乎相同。

```
fb = fibo(100)
for f in fb:
    print(f, end=', ')
```

函数执行结果如下：

```
1, 1, 2, 3, 5, 8, 13, 21, 34, 55, 89, 144,
```

类中的生成器

当然，也能创建包含生成器的类。如果类中的方法包含 yield 语句，则该方法成为迭代生成器。还可以使用 Python 工具包 itertools 创建非常复杂的迭代器。尽管所有迭代器都可以直接通过 Python 编程实现，但工具包 itertools 可以提高程序运行效率。

迭代器模式总结

1. 数据修改。使用迭代器模式要特别注意：在数据更改时如何迭代访问数据？如果代码的范围广泛，并且只是偶尔移动元素，则可以在移动时从基础集合中添加或删除元素，有可能另一个线程也会更改集合。通过将循环声明为同步，以此保护枚举线程安全。但是如果希望通过迭代器模式在循环中移动并删除某些元素，则需注意可能带来的后果。删除或添加元素可能意味着特定元素被跳过或访问两次，具体还取决于当前使用的存储机制。

2. 特权访问。迭代器类可能需要对原始容器类的底层数据结构进行某种特权访问，以便它们可以遍历数据。如果数据存储在列表中，实现比较容易；但如果数据存储在某个类所包含的其他集合结构中，就需要通过 get 操作以使该结构可访问。另外，可以将迭代器作为容器类的派生类，并直接访问数据。

3. 外部迭代器与内部迭代器。有两种类型的迭代器：外部迭代器和内部迭代器。此章描述了外部迭代器。内部迭代器是遍历整个集合的方法，直接对每个元素执行某些操作，而无须任何特定请求。这在 Python 中不太常见。通常，外部迭代器为用户提供更多控制功能，调用程序直接访问每个元素，并可以决定是否执行操作。

GitHub 中的程序

❑ examples.py：简单迭代样例。

❑ Fiboiter.py：获取斐波那契数列下一个成员的迭代器。

❑ FilteredIter.py：遍历游泳者列表，返回所指定俱乐部的游泳者。

❑ Fibogen.py：迭代器的生成器版本。

❑ Fiboclass.py：类中生成器。

❑ 100free.txt：FilteredIter 使用的数据文件。

第 24 章

中介者模式

当一个程序由多个类组成时，逻辑和计算操作会在这些类之间分配。随着程序中使用越来越多的隔离类，这些类之间的通信问题变得更加复杂。每个类需要了解另一个类的方法越多，类的结构就会越复杂，这使得程序变得更难以阅读和更难以维护。

中介者模式通过促进类之间的松散耦合来解决此问题。类将变化的信息传递给中介者，然后中介者将变化传递给所有需要了解此信息的其他类。

中介者模式与命令模式和工厂模式，是用户使用较多的模式，尤其是在可视化编程中。

中介者模式示例

构建一个有若干按钮、两个列表框和一个文本输入字段的程序，其中介者模式界面如图 24-1 所示。

当程序启动时，复制（Copy）和清除（Clear）按钮被禁用：

1. 在左侧列表框中选择其中一个名称时，它会被复制到文本字段中以供编辑，并且复制按钮被激活。

2. 单击复制按钮，该文本将被添加到右侧的列表框中，清除按钮被激活。

如果单击清除按钮，最右侧的列表框和文本字段将被清除，列表框中的选择将被取消，并且两个按钮将再次被禁用。

诸如此类的用户界面通常用于从较长列表框中选择人员或产品。通常用户界面更为复杂，涉及插入、删除和撤销操作。

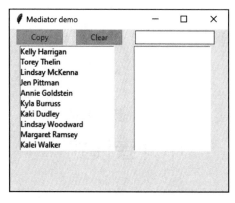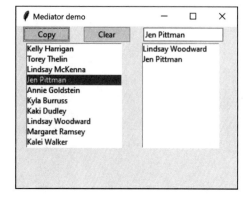

图 24-1　中介者模式界面

控件间的交互

　　视觉控件间的交互非常复杂，即使在此简单示例中也是如此。每个视觉对象都需要了解两个或更多其他对象，从而导致关系图错综复杂，如图 24-2 所示。

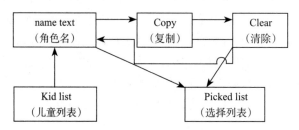

图 24-2　不含中介者的控件关系图

　　中介者模式通过成为唯一知道系统中其他类状态的类来简化该系统。每个与中介者进行通信的控件被称为同事。每个同事在收到用户事件时通知中介者，中介者决定应将此事件通知给哪些其他类。图 24-3 说明了这个更简单的关系图。

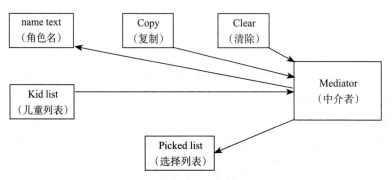

图 24-3　使用中介者的更简单的关系图

使用中介者的优势很明显：它是唯一知道其他类的类，因此如果其他类发生变化，则中介者类是唯一需要做出修改的类。

程序示例

让我们详细考虑这个程序，并判断每个控件该如何构建。使用中介者类编写程序的主要区别在于每个类都需要知道中介类的存在。首先创建中介类实例，然后将中介类实例传递给其构造函数中的每个类。

```
self.swlist = Listbox(root, width=25) # swimmer list
slist = self.swmrs.getSwimmers()
med = Mediator(slist)          # create the Mediator
med.setSwlist(self.swlist)    # pass in list box

# right list box filled by Copy button
self.sublist = Listbox(root)
med.setSublist(self.sublist)

# buttons and entry go in frame
frame =Frame(root)
frame.grid(row=0, columnspan=2)

# Copy button
copyb = CopyButton(frame, med)
copyb.pack(side=LEFT, padx=10)
med.setCopyButton(copyb)

#Clear button
clearb = ClearButton(frame, med)
clearb.pack(side=LEFT, padx=10)
med.setClearButton(clearb)

# Entry field
entryf=Entry(frame)
med.setEntryfield(entryf)
entryf.pack(side=LEFT, padx=10)
```

这两个按钮使用命令接口并在初始化时向中介者注册。命令事件告知中介者去完成各项工作（Clear 按钮的工作原理类似）。

```
class CopyButton(DButton):
    def __init__(self, root, med:Mediator):
        super().__init__(root, text="Copy")
        self.med = med
        self.med.setCopyButton(self)

    def comd(self):
        self.med.copyClick()
```

游泳者的姓名列表基于最后两个示例中使用的列表，但列表已进行了扩展，以便列表数据加载发生在中介者中。构建程序注册列表以便发生单击操作时调用中介者。

```
# connect click event to Mediator
self.swlist.bind('<<ListboxSelect>>', med.listClicked)
```

文本字段更简单：它只是向中介者注册自己。当单击按钮时，中介者加载和清除文本字段。

当单击列表框选择一个游泳者名字时，中介者获取该名字，将其复制到输入字段中，并启用复制按钮。

```
def listClicked(self,evt):
    self.copyb.enable()

# get the selected name from the list box
    nm =self.swlist.get(self.swlist.curselection())
    self.entryf.delete(0, END)  # clear entry field
    self.entryf.insert(END, nm) # insert new name
```

单击复制按钮时，中介者将字段中的文本从输入字段复制到右侧列表中，并启用清除按钮。

```
# copy button is clicked
def copyClick(self):
    nm = self.entryf.get()  # entry to right list
    self.sublist.insert(END, nm)
    self.clearb.enable()     #enable the clear button
```

当单击清除按钮时，它会清空右侧列表，清除输入字段内容，左侧列表框中取消选择任何对象，并禁用两个按钮。

```
def clearClick(self):
    self.sublist.delete(0, END)
    self.entryf.delete(0, END)
    self.copyb.disable()
    self.clearb.disable()
    self.swlist.select_clear(0, END)
```

中介者类通过将所有界面交互操作本地化到一个类中以简化代码。

中介者及命令对象

该程序中的两个按钮为命令对象，这使得处理单击按钮事件变得简单。例如，下面是复制按钮调用中介者类的命令方法。

```
def comd(self):
    self.med.copyClick()
```

清除按钮具有类似的命令方法。

```
def comd(self):
    self.med.clearClick()
```

无论哪种情况,这都意味着第 21 章中提出的其中一个问题的解决方案:每个按钮都需要了解许多其他用户界面类以便执行其命令。在这里,我们将该知识委托给中介者,以便命令按钮不需要任何其他可视对象方法的知识。

中介者模式总结

1. 当一个类中的动作需要在另一个类的状态中反映时,中介者模式可以防止类纠缠在一起。

2. 使用中介者可以轻松修改程序的行为。对于多种更改,只需修改或子类化中介者,而程序的其余部分保持不变。

3. 添加新控件或其他类,而无须修改任何内容,中介者除外。

4. 中介者解决了每个命令对象需要了解太多用户界面其余部分中的对象和方法的问题。

5. 中介者对程序其余部分非常了解,这会使程序的修改和维护变得困难。有时,可以将更多函数放入各个类而较少放入中介者中,以此改善这种情况。每个对象都应该执行自己的任务,中介者应该只管理对象之间的交互。

6. 每个中介者都是一个自定义编写类,它包含每个其他类可以调用的方法,并且知道每个其他类有哪些方法可用。这使得很难在不同项目中重用中介者代码。另一方面,大多数中介者都非常简单,编写此代码比以任何其他方式管理复杂的交互对象要容易得多。

中介者并不仅限于在可视化界面程序中使用,但这是它们最常见的应用。每当遇到多个对象之间复杂的交互问题时,都可以使用中介者。

单接口中介者

上面描述的中介者模式充当某种观察者模式:它观察每个其他元素的变化,每个其他元素都有一个到中介者的自定义接口。也可以在中介者中使用单个方法,并向该方法传递各种对象,告诉中介者需要执行哪些操作。

在单接口中介者方法中,我们避免注册活动组件,并为每个动作元素创建具有不同多态参数的单个动作方法。

GitHub 中的程序

❏ MedDemo.py:图 24-1 对应的代码。

❏ 100free.txt:MedDemo.py 程序相关数据。

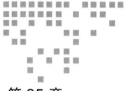

备忘录模式

可保存一个对象的内部状态，以便以后将该对象恢复到原先保存的状态。例如，在绘画程序中保存对象的颜色、大小、图案或形状。备忘录模式可以记录和恢复当前状态，并且在不破坏封闭的前提下无须让每个对象都处理此任务。

备忘录模式的使用场景

对象通常不应该使用公有方法，过多地暴露其内部状态。但是，若想保存对象的全部状态，以便在以后需要时恢复当前状态就可以从公共界面（例如图形对象的绘制位置）获得足够的信息来保存和恢复当前数据。这些信息并不容易获得，包括颜色、阴影、角度和与其他图形对象之间的关系。此类信息的保存和恢复在需要支持撤销命令的系统中比较常见。

如果描述一个对象的所有信息都可以在公共变量中获得，那么将它们保存在某个外部存储中并不困难。然而，将这些数据公开会使整个系统容易被外部的程序代码更改，通常对象内部的数据是私有的并与外界隔离。

Python 没有私有的或受保护的变量。如果变量不应被外部对象直接访问，则可以遵循 Python 命名习惯，使用前导下划线命名变量。

备忘录模式试图通过对要保存的对象状态设置访问权限，以此来解决上述问题。其他对象可能对该对象有更严格的访问限制，因此保留了对象的封装。该模式为对象定义了三种角色：

❑ 发起人对象是用户要保存其状态的对象。
❑ 备忘录对象是另一个保存发起人状态的对象。

❑ 管理员管理状态保存的时间，保存备忘录对象，并在需要时使用备忘录对象恢复发起人对象的当前状态。

在不公开所有变量的情况下保存对象的当前状态是很棘手的，并且可以在各种语言环境下取得不同程度的效果。在 Python 中，一切都可能是公开的，但有时不希望一切信息都公开使用。

程序示例

创建一个简单的图形绘制程序，它完成矩形创建和用户界面矩形操作，包括矩形选择、通过鼠标拖动以移动矩形。这个程序界面包含一个带有三个按钮的工具栏：矩形、撤销和清除，如图 25-1 所示。

矩形复选框（将指示器设置为 0，界面显示为按钮）会保持选中状态，直到取消选中该按钮。如果在选择此按钮时单击主窗口中的任意位置，它将绘制一个矩形。

矩形绘制后，可以单击任何矩形以将其选中。如果在任何矩形外单击，将取消选择当前矩形，如图 25-2 所示。

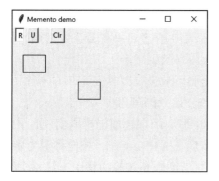

图 25-1 图形绘制程序界面

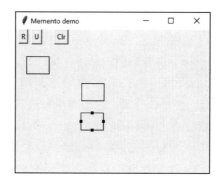

图 25-2 选定的矩形

选择矩形后，可以使用鼠标将其拖动到新位置如图 25-3 所示。

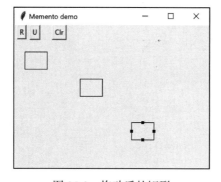

图 25-3 拖动后的矩形

撤销按钮可以撤销一系列操作。具体来说，它可以撤销移动矩形的操作，也可以撤销每个创建矩形操作。每次单击该按钮，都会撤销一项操作。

在这个程序中需要实现以下五项操作。

❏ Rectangle checkbox click：单击矩形框选项。

❏ Undo button click：单击撤销按钮。

❏ Clear button click：单击清除按钮。

❏ Mouse click：单击鼠标。

❏ Mouse drag：鼠标拖拽。

三个按钮可以构造为 Command 命令对象，鼠标点击、拖动可作为事件由中介者处理。此外，用户有很多控制屏幕显示内容的可视对象，因此这是使用中介者模式的理想机会。事实上，这个程序就是这样构造的。

这里将鼠标事件与特定的中介者函数绑定。

```
# binds the mouse events
canvas.bind("<Button-1>", med.buttonDown)
canvas.bind("<B1-Motion>", med.drag)
canvas.bind("<ButtonRelease-1>", med.buttonUp)
```

创建一个管理者类来管理堆栈中的撤销操作列表。因为应用程序可以有任意数量的操作需要保存和撤销，所以需要一个中介者。用户需要中介者将操作命令发送到管理者的撤销列表中。中介者管理用户操作并将绘图对象列表发送给管理者。

在这个程序中，只保存和撤销两个动作：创建新矩形和改变矩形的位置。下面从visRectangle 类开始介绍，它的作用是精确地绘制矩形的每个实例。

在 Python 中，采用画布（Canvas）对象绘制矩形。画布管理屏幕刷新 / 重绘，只需要创建矩形及其控件，完成控件创建并隐藏显示，然后在选择矩形时，控件将变为显示可见。

当拖动一个矩形时，程序会收到拖动信息，并借助画布对象的移动方法移动矩形及其控件。创建一个 VisObject 基类，从中派生出矩形类和备忘录类。

```
# abstract class representing both Rectangles
# and Mementos
class VisObject():
    def undo(self): pass
    def contains(self, x,y):
        return False
    def isSelected(self):
        return False
```

矩形类基于这个简单的基类创建。

```
class Rectangle(VisObject):
    def __init__(self,x, y, canvas):
        self.x = x  # save coordinates
        self.y = y
        self.canvas = canvas
```

```
        self._selected = False
        self.corners = []    #create corners array
        fillcol='black'        # rect and handles

        #create main Rectangle
        self.crect = self.canvas.create_rectangle(
            x - 20, y - 15, x + 20, y + 15,
            outline=fillcol)

        # and create the four (hidden) handles
        c = self.canvas.create_rectangle(x - 22,
                y - 2, x - 18, y + 2, fill=fillcol,
                    state=HIDDEN)
        self.corners.append(c)
        c = self.canvas.create_rectangle(x + 18,
                y - 2, x + 22, y + 2, fill=fillcol,
                    state=HIDDEN)
        self.corners.append(c)
        c = self.canvas.create_rectangle(x - 2,
                y - 17, x + 2, y - 13, fill=fillcol,
                    state=HIDDEN)
        self.corners.append(c)
        c = self.canvas.create_rectangle(x - 2,
                y + 17, x + 2, y + 13, fill=fillcol,
                     state=HIDDEN)
        self.corners.append(c)
```

绘制矩形非常简单，创建完成后 tkinter 库保持屏幕被刷新。要显示隐藏的矩形控件，只需调用以下命令。

```
if self._selected:
    for c in self.corners:
        self.canvas.itemconfigure(c, state=NORMAL)
```

要在中介者接收到鼠标拖动事件时，移动矩形及其控件，只需计算 X 轴水平增量和 Y 轴垂直增量，并将它们应用于矩形及其控件。

```
def move(self, x, y):
    oldx = self.x
    oldy = self.y

    self.x = x
    self.y = y
    deltax= x - oldx    # calc deltas
    deltay = y - oldy

 # move rect
    self.canvas.move(self.crect, deltax, deltay)

    # move handles
    for c in self.handles:
```

```
        self.canvas.move(c, deltax, deltay)
```

Now, let's look at the simple Memento class.

```
# Memento stores last position of rectangle
# before dragging
# and restores it by clicking undo button

class Memento(VisObject):
    def __init__(self, x, y, rect:Rectangle):
        self.rect = rect
        self.oldx = x
        self.oldy = y
    def undo(self):
        self.rect.move(self.oldx, self.oldy )
```

当创建备忘录类的实例时，将需要保存的 visRectangle 实例传递给它。它复制大小和位置参数，并保存 visRectangle 实例的副本。稍后，当恢复这些参数时，备忘录知道需要恢复哪个实例，并且可以立即执行。

这里的撤销方法只是决定是将绘图列表减一还是调用备忘录。这轻而易举，因为备忘录和管理者都有相同的撤销方法，当单击撤销按钮，中介者会调用该撤销方法。

在这两种情况下，中介者都会调用管理者对象中的撤销方法，后者将最后一个 visObject 对象弹出堆栈，并调用其撤销方法。如果这是一个矩形对象，则从屏幕上删除该矩形；如果这是一个备忘录对象，它会恢复到矩形之前的位置。

如下为管理者类的实现代码：

```
# Manages the stack of Rectangles and Mementoes
class Caretaker():
    def __init__(self, med):
        self.med = med
        self.rectList= []
        med.setCare(self)
    #append latest visObj
    def append(self, visobj):
        self.rectList.append(visobj)
    #get the top of the stack and undo the visObj
    def undo(self):
        if len(self.rectList) > 0:

            visobj = self.rectList.pop()
            visobj.undo()
    # clear the canvas
    def clear(self):
        while len(self.rectList) > 0:
            visobj = self.rectList.pop()
            visobj.undo()
```

备忘录模式总结

备忘录模式提供了一种在保留封装的同时保留对象状态的方法。备忘录对象需要保存的信息量可能非常大，因此会占用大量的存储空间。这进一步影响了管理者类（此处为中介者），它可能必须设计策略来限制它需要保存状态的对象的数量。在这个简单示例中，没有施加此类限制。在对象以可预测的方式发生变化时，每个备忘录对象都可以通过保存对象状态的增量变化来解决此问题。

GitHub 中的程序

MementoRectHide.py：图形绘制程序。

观察者模式

在复杂的窗口中，经常希望同时以多种形式显示数据，并让所有界面显示都反映该数据的任何变化。例如，我们可能将股票价格变化表示为图形表格、或列表框。每次股票价格发生变化时，都希望这两种表示方式都可以同步更新信息，自己无须采取任何行动。在 Python 中可以很容易地通过观察者模式达到这个目的。

观察者模式假设包含数据的对象与显示数据的对象是分开的，而且显示数据的对象会观察数据的变化，如图 26-1 所示。

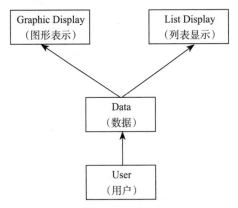

图 26-1　观察者模式

当运用观察者模式时，通常将数据称为主题（Subject），将每个显示数据的对象称为观察者。所有观察者通过调用主题中的公有方法观察数据。每个观察者都有一个已知的接口，当数据发生变化时，主题会调用该接口。定义相关接口如下：

```
# interface all observers must have
class Observer:
    def sendNotify(self):
        pass
# interface the Subject must have
class Subject:
    def registerInterest(self, obs:Observer):
        pass
```

定义这些抽象接口的好处是可以编写任何需要的类对象，只要它们能实现相关接口。
将这些对象声明为主题或观察者，无论它们具体做什么。

观察颜色变化的程序示例

创建一个程序，它包含了红色、蓝色和绿色三个单选按钮的显示框架，如图 26-2 所示。

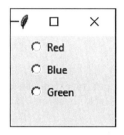

图 26-2　观察颜色变化的程序示例界面

主窗口为主题或数据存储库对象，使用从 RadioButton 类派生出的 ChoiceButton 类创
建此窗口。

```
class ColorRadio(Subject):
    def __init__(self, root):
        root.geometry("100x100")
        root.title("Subj")
        self.subjects = []
        self.var = tk.IntVar()
        self.colors=["red", "blue", "green"]

        ChoiceButton(root, 'Red', 0, self.var, command=self.colrChange)
        ChoiceButton(root, 'Blue', 1, self.var, command=self.colrChange)
        ChoiceButton(root, 'Green', 2, self.var, command=self.colrChange)
        self.var.set(None)   # No buttons selected
```

请注意，主框架类派生自主题。因此，它必须提供一个公共方法以便在此类数据中完
成注册。这个方法就是 registerInterest 方法，用于把观察者对象添加到一个列表中。

```
# Observers tell the Subject they want to know of changes
def registerInterest(self, subj:Subject):
    self.subjects.append(subj)
```

现在我们创建单选按钮框架和两个观察者，一个显示颜色（及其名称），另一个将当前颜色添加到列表框中：

```
root = tk.Tk()
colr = ColorRadio(root)        # create radio frame

cframe = ColorFrame(None)      # create color frame
colr.registerInterest(cframe)  # and register it

clist = ColorList(None)        # create color list
colr.registerInterest(clist)   # and register it
```

registerInterest 方法的功能是将观察者添加到列表：

```
# Observers tell the Subject
# they want to know of changes
def registerInterest(self, subj:Subject):
    self.subjects.append(subj)
```

然后，当用户单击单选按钮时，程序会调用命令界面，该界面会查找实际颜色并将其发送给观察者：

```
def colrChange(self):
    cindex = self.var.get()     # get index of the color
    color = self.colors[cindex] # look in color list

    #send notification to all the observers
    for subj in self.subjects:  # send color name
        subj.sendNotify(color)
```

当我们创建颜色框架（ColorFrame）和颜色列表窗口时，在主程序中注册感兴趣的数据，如前所示。

同时，在主程序中，单击某个单选按钮时，主题遍历观察者列表，并通过调用 sendNotify 方法通知每个感兴趣的观察者。

颜色框架非常简单，消息为当前颜色名称，可用于更改框架的背景色。

```
# a Frame that is filled with the chosen color
class ColorFrame(Observer):
    def __init__(self, master=None):
        self.frame = Toplevel(master)
        self.frame.geometry("100x100")
        self.frame.title("Color")

    def sendNotify(self, color:str):
        self.frame.config(bg = color)
```

就列表框观察者来说，它只是将文本添加到列表中并将头字母大写。

```
# list box that displays
# the text of the chosen color
```

```
class ColorList(Observer):
    def __init__(self, master=None):
        frame = Toplevel(master)
        frame.geometry("100x100")
        frame.title("Color list")
        self.list = Listbox(frame)
        self.list.pack()

    def sendNotify(self, color: str):
        self.list.insert(END, color.capitalize())
```

图 26-3 显示了程序运行结果。

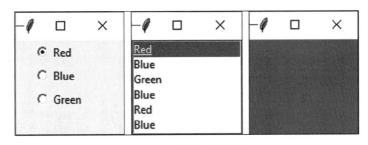

图 26-3　程序运行结果

给观察者发送信息

主题应该向它的观察者发送什么样的通知？在上述程序中，通知消息是表示颜色的字符串。当单击其中一个单选按钮时，可获得该按钮的索引并查找到相应的颜色，然后将通知消息发送给观察者。当然，这是在所有观察者都能理解该字符串的含义的前提下实现的。有时实际情况可能并非总是如此，尤其是当观察者也观察其他数据对象时。在更复杂的系统中，观察者需要特定的、不同种类的数据。使用中间适配器类可进行不同消息的转换，而不是让每个观察者将消息转换为正确的数据类型。

观察者可能不得不处理的另一个问题是：中心主题类的数据可能以多种方式发生变化。例如，从数据列表中删除节点元素，编辑数据值，或更改正在查看的数据的比例。这时需要向观察者发送不同的变化消息，或者只发送一条消息，然后让观察者询问发生了什么变化。

观察者模式总结

观察者促进了抽象与主题的耦合。主题不必知道相关观察者的任何细节。然而，当数据发生一系列增量变化时，存在一个潜在的缺点，即可能会出现连续或重复地更新消息并通知观察者的情况。如果这些消息更新的成本很高，可能需要引入某种变化管理，以免太早或过于频繁地通知观察者。

当用户在客户端对基础数据进行更改时，需要决定哪个对象将向观察者发出更改通知。如果主题发生变化时需通知所有观察者，则每个客户端不负责发起通知。频繁变化还会触发许多小的连续变化的消息。如果客户端告诉主题何时通知其他客户端，则可以避免此类级联通知，但客户端仍有责任告诉主题何时发送通知。如果客户端没有这样做，该程序将无法正常运行。

最后，根据变化的类型或范围，通过为观察者定义多个要接收的更新方法来指定选择发送的通知类型。在某些情况下，客户端能够过滤或忽略某些通知。

GitHub 中的程序

Observer.py：观察者的程序。

状 态 模 式

当对象可代表应用程序的状态，然后通过切换对象来切换应用程序状态时，就会用到状态模式。例如，封闭类可在多个相关的包含类之间切换，然后将方法调用传递给当前的包含类。

许多程序员都有过这样的经历：创建的类会根据传递到类中的参数执行相应的计算，或显示相应的信息。这通常会导致在类中使用某种 if-else 语句来决定要执行的操作。状态模式力图取代这种不便。

程序示例

创建一个绘图程序，它类似于为备忘录类开发的程序。该程序包含工具栏按钮，支持选择、矩形、圆形、填充和清除操作，分别对应图 27-1 中从左到右的 5 个按钮的功能。

当选择其中一个按钮，并在屏幕上单击或拖动鼠标时，每个按钮都会执行不同的操作，这里使用的就是状态模式。

创建图 27-2 所示界面的程序，包含 1 个中介者和 5 个命令按钮的操作。但是，这种初始设计将维护程序状态的重任给了中介者。中介者的主要目的是协调按钮等各种控件之间的操作。在中介者中保存按钮的状态和所需的鼠标操作会使程序变得过于复杂，同时还会导致一系列的条件测试；此外，中介者的每个操作，例如松开鼠标（mouseUp）、拖拽鼠标（mouseDrag）、右键单击（rightClick）等，可能需要重复这组庞大的单一条件语句，使程序更加难以阅读和难以维护。

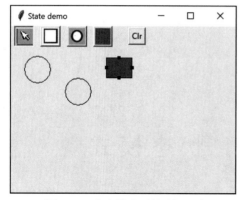

图 27-1 状态模式下的绘图程序

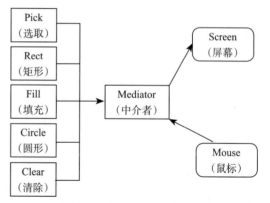

图 27-2 工具按钮状态与中介者

下面分析每个按钮的预期行为。

1. 选中选取按钮，再单击图形按钮，则在图形元素内部执行单击操作，这会导致该图形按钮突出显示或显示带有手柄的图标，再拖动鼠标，则该图形元素在屏幕上移动。

2. 选中矩形按钮，再单击屏幕会创建一个新的矩形图形元素。

3. 先选中一个图形元素，再单击填充按钮，则该元素将会用当前颜色填充。

4. 选中圆形按钮，单击屏幕会创建一个新的圆形图形元素。

5. 单击清除按钮，则所有图形元素都将被删除。

创建一个处理鼠标活动的状态对象。

```
class State():
    def mouseDown(self, evt:Event):pass
    def mouseUp(self, evt:Event):pass
    def mouseDrag(self, evt:Event):pass
```

该程序包含 mouseUp 事件，以备日后需要。这里描述的类不需要所有的事件，则可为基类提供空的方法，而不是创建抽象的基类。为 Pick、Rect、Circle 和 Fill 创建四个派生的状态类，并将其所有的实例放入 StateManager 类中，该类设置当前状态并对该状态下的对象执行方法。在设计模式中，这个 StateManager 类被称为上下文。StateManager 类与工具按钮的交互如图 27-3 所示。

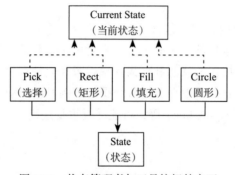

图 27-3 状态管理者与工具按钮的交互

典型的状态对象只覆盖它必须特别处理的事件方法。例如，完整的矩形状态（RectState）对象程序如下：

```python
class RectState(State):
    def __init__(self, med):
        self.med = med
    def mouseDown(self, evt:Event):
        # create new rectangle if box checked
        newrect = Rectangle(evt.x, evt.y, self.med.canvas)

        rectList = self.med.getRectlist()
        rectList.append(newrect)  # save in stack
```

以上矩形状态对象只是告诉中介者将一个矩形添加到图形列表中。类似地，圆形状态对象告诉中介者将一个圆形添加到图形列表中。

```python
class CircState(State):
    def __init__(self, med):
        self.med = med
    def mouseDown(self, evt:Event):
        # create new circle
        newrect = Circle(evt.x, evt.y,
                        self.med.canvas)
        rectList = self.med.getRectlist()
        rectList.append(newrect)  # save in stack
```

对于填充按钮，定义了两个动作：

1.如果对象已被选中，则对其进行填充。

2.如果用鼠标单击对象，则填充该对象。

要执行这些任务，需要将选择方法添加到状态基类中。每个工具按钮被选中时，都会调用此方法。

```python
class State():
    def mouseDown(self, evt:Event):pass
    def mouseUp(self, evt:Event):pass
    def mouseDrag(self, evt:Event):pass
    def select(self):pass
```

在下面程序中，将填充颜色设置为红色。

```python
class FillState(State):
    def __init__(self, med):
        self.med = med

# if a figure is selected, fill it
    def select(self):
        rect = self.med.getSelected()
        if rect != None:
            rect.fillObject()
```

```
    # otherwise fill the next figure you click on
    def mouseDown(self, evt:Event):
        rectList = self.med.getRectlist()
        for r in rectList:
            if r.contains(evt.x, evt.y):
                r.fillObject()
                self.selectRect = r
```

状态间的切换

要实现状态管理者在状态之间的切换，只需将当前状态变量设置为所选按钮的状态。在状态管理者中，用 __init__ 方法为每个状态创建一个实例，并在调用设置方法时将正确的状态复制到状态变量中。如果有大量的状态，并且每个状态都消耗相当数量的资源，使用工厂模式按需创建这些状态更好。

```
    # switches between states depending
    # on the button you click
    class StateManager():
        def __init__(self, med):
            self.med = med
            # create instances of each state
            self.pickState = PickState(med)
            self.curState = self.pickState
            self.rectState = RectState(med)
            self.fillState =  FillState(med)
            self.circState = CircState(med)


        # switch states as you click on buttons
        def setRect(self):
            self.curState = self.rectState
        def setCirc(self):
            self.curState = self.circState
        def setFill(self):
            self.curState = self.fillState
        def setPick(self):
            self.curState = self.pickState
```

下面程序中，状态管理者只是调用当前状态对象的方法，不需要进行条件测试。

```
    # here are the three events we act on
    def mouseDown(self, evt):
        self.curState.mouseDown(evt)
    def mouseDrag(self, evt):
        self.curState.mouseDrag(evt)
    def select(self):
        self.curState.select()
```

中介者与状态管理器交互

将状态管理与中介者对按钮和鼠标事件的管理分开会使程序更清楚。中介者是关键类，因为它会在当前程序状态改变时通知状态管理者。

每个按钮都可以处于选中或未选中状态，这些状态通过按钮边框的"向上"或"向下"来表示。这些设置是派生的 DButton 类的一部分。

```python
# derived button class with an abstract comd method
class DButton(Button, Command):
    def __init__(self, master, **kwargs):
        super().__init__(master, command=self.comd,
                         **kwargs)
    def select(self):
        self.config(relief=SUNKEN)
    def deselect(self):
        self.config(relief=RAISED)
```

当用户单击按钮时，该按钮将接收单击事件，并调用中介者的取消选择的方法关闭所有的按钮，再调用该按钮上的选择方法，将该状态发送到状态管理者。

```python
# When selected you can create rectangles
class RectButton(DButton):
    def __init__(self, rt,  med):
        super().__init__(rt)
        self.photo =  \
            PhotoImage(file="rectforbutton.png")
        self.config(image=self.photo)
        self.med = med
        med.addButton(self) # add to button list

    def comd(self):
        # deselect all buttons
        self.med.unselectButtons()
        self.select()    # select this one
        # set the statemanager to Rect state
        self.med.statemgr.setRect()
```

请注意，每次单击按钮都会调用其中一个方法并更改应用程序的状态。每个方法中的其余语句只是简单地关闭其他切换按钮，因此一次只能按下一个按钮。

```python
# Mediator manages the button and mouse events
class Mediator():
    def __init__(self, canvas):
        self.canvas = canvas
        self.selectRect=None     # not selected
        self.dragging = False    # not dragging
        self.memento = None      # variable goes here
        self.rectList=[]
        self.buttons = []
```

```
            # create the StateManager
            self.statemgr = StateManager(self)

        def getRectlist(self):
            return self.rectList


    def addButton(self, but:DButton):
            self.buttons.append(but)

        #unselect all 4 buttons
        def unselectButtons(self):
            for but in self.buttons:
                but.deselect()

        # button 1 has been clicked
        def buttonDown(self, evt):
            self.statemgr.mouseDown(evt)

        # circle button sets Circle state
        def circleClicked(self):
            self.statemgr.setCirc()

        # selected rect or circle stored
        def setSelected(self, r):
            self.selectRect = r

        # gets the selected drawing object
        def getSelected(self):
            return self.selectRect

        # drag rectangle/circle to new position
        def drag(self, evt):
            self.statemgr.mouseDrag(evt)

        # clear all objects
        def clear(self):
            while len(self.rectList) > 0:
                visobj = self.rectList.pop()
                visobj.undo()
```

其他程序与备忘录模式中的示例程序基本相同，只是取消了撤销方法。

状态模式总结

1. 状态模式为应用程序的每个状态创建了基本状态对象的子类，并随着应用程序在状态之间的变化而在它们之间切换。

2. 用户不需要有一长串与各种状态相关联的庞大条件语句，每个状态都被封装在状态类中。

3. 没有任何变量可以具体说明程序处于哪个状态，这种方法减少了程序员忘记测试状态变量导致的错误。

4. 用户可以在应用程序的几个部分之间共享状态对象，例如单独的窗口，只要状态对象都没有特定的实例变量即可。在这个例子中，只有填充状态（FillState）类有一个实例变量，从而可以很容易地重写为每次传入的参数。

5. 这种方法生成了许多小类对象，但在此过程中，程序更加简明。

状态转换

状态之间的转换可以在内部或外部。在本章中，中介者告诉状态管理者何时在状态之间切换。然而，每个状态也可以自动决定后继状态是什么。例如，当矩形或圆形图形对象被创建时，程序可以自动切换回箭头对象状态。

GitHub 中的程序

StateMaster.py。

策 略 模 式

策略模式由封装在称为上下文的驱动程序类中的相关算法组成。客户端程序可以选择这些不同算法中的一种，或者在某些情况下，上下文会选择最佳算法。与状态模式一样，策略模式的目的是在没有任何单一条件语句的情况下轻松在算法之间切换。在策略模式下，通常选择应用几种策略中的某一种，并且一次只有一种策略可能在上下文类中被实例化和激活。相比之下，在状态模式下所有不同的状态很可能同时处于活动状态，并且它们之间的切换可能会频繁发生。此外，策略模式封装了几个大致相同的算法，而状态模式封装了执行不同操作的相关类。最后，在策略模式中完全没有状态转换的概念。

策略模式简介

若需要特定服务或功能，并且具有多种方法实现该功能，就可以使用策略模式，且可使用任意数量的策略，也可以添加更多策略。此外，任何策略都可以随时更改。

在程序中，以下几种不同的方法所做的事情是相同的。程序告诉驱动程序模块（上下文）使用哪种策略，然后要求它执行操作。

- ❑ 以不同格式保存文件。
- ❑ 使用不同的算法压缩文件。
- ❑ 使用不同的压缩方案捕获视频数据。
- ❑ 使用不同的换行策略显示文本数据。
- ❑ 以不同的格式绘制相同的数据（例如，折线图、柱状图或饼图）。

策略模式是将各种策略封装在一个模块中，并提供一个简单的接口以便在这些策略之

间进行选择。每种策略虽然不必都属于同一类层次结构，但是，它们必须具有相同的编程
接口。

程序示例

创建一个简化的图形程序，它可以将数据显示为折线图或柱状图。下面从一个抽象的
绘图策略（Plot Strategy）类开始，并从中派生出两个类，如图 28-1 所示。

图 28-1　两个绘图类的派生

因为每个图形都出现在自己的框架中，所以绘图策略类读入并缩放数据。子类从顶层
派生出来，所以它打开独立的窗口。

```python
class PlotStrategy():
    def __init__(self, title):
        self.width = 300
        self.height = 200
        self.title = title
        self.color = "black"
        frame = Toplevel(None, width=300, height=200)
        frame.title(self.title)
        self.canvas = Canvas(frame, width=300, height=200)
        self.canvas.pack()
        #read in the file and find its bounds
        self.readFile("data.txt")
        self.findBounds(self.xp, self.yp)

    # abstract plot method,
    # filled in by derived classes
    def plot(self, xp, yp):pass
    def setPencolor(self, c): self.color = c

    # finds the max and min of each array
    def findBounds(self, x, y):
        self.minx = min(x)
        self.miny = 0
        self.maxx  = max(x)
        self.maxy = max(y)
```

```
# compute scaling factors
def calcScale(self, h, w):
    self.xfactor = (0.9 * w) / (self.maxx - self.minx)
    self.yfactor = (0.9 * h) / (self.maxy - self.miny)

    self.xpmin = (int)(0.05 * w)
    self.ypmin = (int)(0.05 * h)
    self.xpmax = w - self.xpmin
    self.ypmax = h - self.ypmin
```

重要的是所有派生类都必须实现一个名为绘图的方法，该方法对两个浮点数组进行操作。这些类中的每一个都可以实现任何类型的绘图操作。

上下文

上下文类决定调用哪种策略。该决定通常基于客户端程序的请求，而上下文类需要做的就是设置变量来引用具体策略。

命令按钮

这个简单的程序会生成带有两个命令按钮的面板，两个命令按钮对应两种绘图策略，如图 28-2 所示。

每个按钮都是一个命令对象，用于设置正确的策略，然后调用其绘图例程，完整的折线图按钮程序如下：

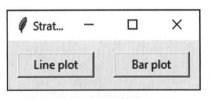

图 28-2　选择策略的命令按钮

```
# Button launches the line plot window
class LineButton(DButton):
    def __init__(self, root, **kwargs):
        super().__init__(root,
            text="Line plot", **kwargs)
    def comd(self):
        lst = LineStrategy()
        lst.plot()
```

折线图和柱状图策略

折线图和柱状图策略类几乎相同：它们设置绘图的窗口大小，并调用特定于该显示面板的绘图方法。两者都派生自绘图策略类，并读取数据文件并计算像素数（300×200 像素）的最小值和最大值和比例因子。

折线图策略程序如下：

```
# strategy for line plot
class LineStrategy(PlotStrategy):
    def __init__(self, master=None):
        super().__init__("Line plot")


    def plot(self):
        w = self.width
        h = self.height
        self.calcScale(h, w)
    # Line plot of the two arrays
        coords = []          #array of x,y pairs
        for i in range(0, len(self.xp)):
            x = self.calcx(self.xp[i])
            y = self.calcy(self.yp[i], h)
            coords.append(x)
            coords.append(y)
        # plot x,y data
        self.canvas.create_line(coords,
                        fill=self.color)
```

绘图策略类负责读取和缩放数据。因为所有的图都在画布上，所以它也初始化了一个边框。

```
class PlotStrategy():
    def __init__(self, title):
        self.width = 300
        self.height = 200
        self.title = title
        self.color = "black"   # 默认颜色
        frame = Toplevel(None)
        frame.title(self.title)

        self.canvas = Canvas(frame,
                width=self.width, height=self.height)
        self.canvas.pack()
        #read in the file and find its bounds
        self.readFile("data.txt")
        self.findBounds(self.xp, self.yp)


    # abstract plot method,
    # filled in by derived classes
    def plot(self, xp, yp):pass


    def setPencolor(self, c):
        self.color = c
```

缩放方法程序如下：

```
# finds the max and min of each array
def findBounds(self, x, y):
    self.minx = min(x)
```

```
        self.miny = 0
        self.maxx  = max(x)
        self.maxy = max(y)

# compute scaling factors
def calcScale(self, h, w):
    self.xfactor = (0.9 * w) / (self.maxx -
                                self.minx)
    self.yfactor = (0.9 * h) / (self.maxy -
                                self.miny)

    self.xpmin = (int)(0.05 * w)
    self.ypmin = (int)(0.05 * h)
    self.xpmax = w - self.xpmin
    self.ypmax = h - self.ypmin

# calculate x pixel position
def calcx(self,xp):
    x= (xp - self.minx) * self.xfactor + self.xpmin
    return x
# calculate y pixel position
def calcy(self, yp, h):
    y = h - (yp - self.miny)*self.yfactor
    return y
```

图 28-3 显示了折线图和柱状图。

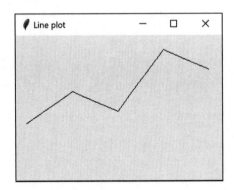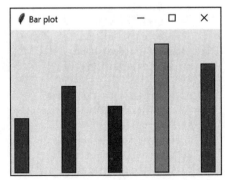

图 28-3　折线图和柱状图

策略模式总结

策略模式支持动态地选择算法。这些算法可以与继承层次结构相关，也可以不相关，只要它们具有一个公共接口即可。因为上下文将依据客户端的请求在策略之间切换，与简单地调用所需的派生类相比，这有更大的灵活性。这种方法还不用使用那种难以阅读和维护的复杂条件语句。

柱状图的缩放比例可能不同，因为柱状图的底部始终位于$y=0$。在此情况下，我们将两个图的Y轴最小值y_{min}强制设置为0，但这可能并不总是最佳选择。

因为会有许多不同的参数传递给不同的算法，所以，需要开发足够广泛的上下文接口和策略方法，以允许向特定算法传递未使用过的参数。例如，绘图策略类中的setPenColor方法实际上仅供LineGraph策略使用，而被BarGraph策略忽略，因为该策略为它绘制的柱状图设置了自己的颜色列表。

GitHub 中的程序

在本章中，务必将数据文件（此处为data.txt）与Python文件放在相同的文件夹下，以确保它们是VSCode或PyCharm中项目的一部分。

❑ StrategyPlot.py：程序使用策略模式选择折线图或柱状图。

❑ Data.txt：StrategyPlot程序所需的数据。

模板方法模式

编写一个父类并在其中保留一个或多个方法，并由派生子类具体实现时，实际上是使用了模板方法模式。模板方法模式形式化了在类中定义算法，如果基类是抽象类，则使用了简单的模板方法模式。

模板方法模式简介

模板方法模式中算法的某些步骤定义明确，可以在基类中实现，而其他步骤可能后续会有多种变化，最好在派生类具体实现。当然，类中的一些基础部分也可以被分解出来并放入基类中，这样它们就不需要在若干子类中重复实现。

例如，在本书策略模式程序中，使用了绘图类进行开发，绘制折线图和柱状图都需要类似的程序来缩放数据并计算 x 和 y 的像素位置。

```
# calculate x pixel position
def calcx(self,xp):
    x= (xp - self.minx) * self.xfactor + self.xpmin
    return x
# calculate y pixel position
def calcy(self, yp, h):
    y = h - (yp - self.miny) * self.yfactor
    return y
```

因此，这些方法都属于 PlotStrategy 类，不具备任何实际的绘图功能。请注意，绘图方法设置了所有缩放常量，实际的绘图方法被移交给派生类实现，在这个方面与模板方法模式类似。

模板类方法

模板类有四种方法可以在派生类中使用:

1. 完成所有子类要使用的一些基本函数,例如前面程序中的 calcx 和 calcy。这些被称为具体方法。

2. 完全没有具体方法步骤,必须在派生类中实现。Python 将这些声明为空方法,它包含 pass 声明语句。

3. 包含某些操作的默认实现,但可以在派生类中重写的方法。这些被称为钩子方法。当然,这种命名有些随意,因为 Python 可实现覆盖派生类中的任何方法。

4. 模板类可能包含自己调用抽象、钩子和具体方法任意组合的方法。这些方法不应被覆盖,它们描述了算法,但并未实际实现其细节。

程序示例

创建一个在屏幕上绘制三角形的简单程序,从一个抽象的三角形(Triangle)类开始,然后从中派生出特殊的三角形类型。

为简单起见,使用 Point 类来表示定义顶点的 x、y 对。

```python
class Point():
    def __init__(self, x, y):
        self.x = x
        self.y = y
```

请注意,无须通过访问函数,用户可以直接访问 x 和 y。

抽象的 Triangle 类展示了模板方法模式的实现。

```python
class Triangle():
    def __init__(self, canvas: Canvas, a: Point,
                 b: Point, c: Point):
        self.p1 = a
        self.p2 = b
        self.p3 = c
        self.canvas = canvas

    # draws a line between two points
    def drawLine(self, a, b):
        self.canvas.create_line(a.x, a.y, b.x, b.y)
    #draws the complete triangle
    def draw(self):
        self.drawLine(self.p1, self.p2)
        current = self.draw2ndLine(self.p2, self.p3)
        self.closeTriangle(current)

    # this is filled in by the derived classes
```

```python
    def draw2ndLine(self, a: Point, b: Point):
        pass

    #closes the triangle from c back to p1
    def closeTriangle(self, c: Point):
        self.drawLine(c, self.p1)
```

上述代码示例中的三角形类保存了三条线的坐标，但是绘制例程程序只绘制了第一条和最后一条线。最重要的绘制一条到第三点线的 draw2ndLine 方法被保留为抽象方法。这样，派生类就可以移动第三个点从而创建用户想要绘制的三角形。

上述代码示例是使用模板方法模式的一般示例。绘制（draw）方法调用两个具体的基类方法和一个抽象方法，必须在从 Triangle 派生的任何具体类中重写这些方法。

实现基类 Triangle 类的另一种非常相似的方法是包含 draw2ndLine 方法的默认代码。

```python
    def draw2ndLine(self, a: Point, b: Point):
        self.drawLine(a, b)
        return b
```

在这种情况下，draw2ndLine 方法成为一个钩子方法，可以被其他类覆盖。

绘制标准三角形

要绘制没有形状限制的标准三角形，我们只需在派生类 stdTriangle 类中实现 draw2ndLine 方法：

```python
    # A simple standard triangle
    class StdTriangle(Triangle):
        def __init__(self, canvas, a, b, c):
            super().__init__(canvas, a, b, c)

        def draw2ndLine(self, a: Point, b: Point):
            self.drawLine(a, b)
            return b
```

绘制等腰三角形

此类计算第三个新数据点，使两侧的长度相等，并将该新的点保存在类中：

```python
    class IsoscelesTriangle(Triangle):

        def __init__(self, canvas, a, b, c):
            super().__init__(canvas, a, b, c)
            dx1 = b.x - a.x
            dy1 = b.y - a.y
            dx2 = c.x - b.x
            dy2 = c.y - b.y

            side1 = self.calcSide(dx1, dy1)
            side2 = self.calcSide(dx2, dy2)
```

```
    if (side2 < side1):
        incr = -1
    else:
        incr = 1

    slope = dy2 / dx2
    intercept = c.y - slope * c.x

# move point c
# so that this is an isosceles triangle
    self.newcx = c.x
    self.newcy = c.y
    while math.fabs(side1 - side2) > 1:
        self.newcx += incr  # iterate a pixel
        self.newcy = (int)(slope * self.newcx
                        + intercept)
        dx2 = self.newcx - b.x
        dy2 = self.newcy - b.y
        side2 = self.calcSide(dx2, dy2)

    self.newc = Point(self.newcx, self.newcy)

# calculate length of side
def calcSide(self, dx, dy):
    return math.sqrt(dx * dx + dy * dy)
```

当 Triangle 类调用 draw 方法时，它会调用新版本的 draw2ndLine 并绘制一条线到新的第三个点。此外，它将新点返回给 draw 方法，以便正确绘制三角形的闭合边。

```
# draws 2nd line using saved new point
def draw2ndLine(self, b, c):
    self.drawLine(b, self.newc)
    return self.newc
```

绘制三角形的程序

主程序简单创建了绘制的三角形实例。

```
# coordinates of standard triangle
    p1 = Point(100, 40)
    p2 = Point(75, 100)
    p3 = Point(175, 150)

    stdTriangle = StdTriangle(canvas, p1, p2, p3)
    stdTriangle.draw()

# starting coordinates for isosceles triangle
    p4 = Point(150, 200)
    p5 = Point(240, 140)
    p6 = Point(175, 250)
```

```
isoTriangle = \
    IsoscelesTriangle(canvas, p4, p5, p6)
isoTriangle.draw()
mainloop()
```

图 29-1 显示了标准三角形和等腰三角形。

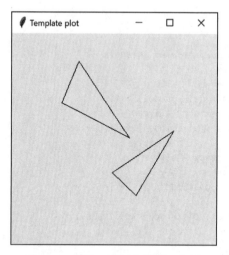

图 29-1　标准三角形和等腰三角形

模板与回调方法

模板方法模式使用了基类的方法，即调用派生类的方法。在 Triangle 类中的 draw 方法，有三个方法调用。

```
def draw(self):
    self.drawLine(self.p1, self.p2)
    current = self.draw2ndLine(self.p2, self.p3)
    self.closeTriangle(current)
```

现在，drawLine 方法和 closeTriangle 方法是在基类中实现的。但是，正如我们所见，draw2ndLine 方法在基类中并未具体实现，不同的派生类可有不同的实现方法。由于被调用的方法实际在派生类中，所以看起来好像它们是从基类中调用的。

所有的方法调用都源自派生类，并且这些调用沿着继承链向上移动，直到找到实现它们的第一个类。如果这个类是基类，那很好。如果不是，它可能是介于两者之间的任何其他类。现在，当用户调用 draw 方法时，派生类沿着继承链向上移动，直到找到 draw 类。同样，对于每个从 draw 类中调用的方法，派生类从当前正在执行的类开始，向上移动以找到每个方法。当它到达 draw2ndLine 方法时，它会立即在当前类中找到它。因此，该方法并非真正从基类中调用的，但看起来确实是这样。

模板方法模式总结

❑ 基类可能只定义了将要使用的一部分方法，而其余的则在派生类中实现。

❑ 基类中可能包含调用一系列方法的方法，有的方法在基类中实现，有的方法在派生类中实现。模板方法定义了一个通用算法，算法细节可能无法在基类中完全实现。

❑ 模板类通常有一些抽象方法，且必须在派生类中覆盖这些方法，还可能有一些带有简单占位符实现的类，可以在适当的地方自由覆盖它们。如果这些占位符类是基类的另一个方法调用的，那么称这些可重写的方法为"钩子"方法。

GitHub 中的程序

TemplateTriangles.py：使用模板方法模式显示两个三角形。

访问者模式

访问者模式将表格转换为面向对象的模型，并创建一个外部类来处理其他类中的数据。如果少量的类拥有相当数量的实例，并且需要执行的某些操作涉及所有或大部分的实例，访问者模式很有用。

访问者模式的使用场景

将本应在一个类中的操作放入另一个类中，虽然乍一看似乎不太好，但这样做是有充分理由的。假设有多个绘图对象类，每个类中都有相似的绘图代码。绘图方法可能有所不同，但它们可能必须在每个类中重复使用底层实用函数。此外，一组密切相关的函数被分散在了许多不同的类中，如图 30-1 所示。

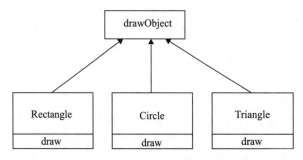

图 30-1　分散在不同类中的 draw 函数

创建一个包含所有相关绘制方法的访问者类，并让它连续访问每个对象（见图 30-2）。

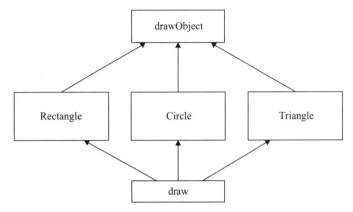

图 30-2　绘图（draw）类可以访问每个类

大多数第一次遇到这种模式的人都会问："访问是什么意思？"外部类只有一种方法可以访问另一个类，那就是调用它的公共方法。在访问者实例中，访问每个类意味着用户正在调用一个已经为此目的安装的方法，该方法称为 accept。accept 方法含有一个参数：访问者的实例。它调用访问者的访问方法，将自身作为参数进行传递，如图 30-3 所示。

图 30-3　访问者方法的调用

要访问的每个对象都必须具有以下方法。

```
def accept(self, v:Visitor):
    v.visit(self)
```

以这种方式，访问者（Visitor）对象一个一个地接收到每个实例的引用，然后调用实例的公共方法来获取数据、执行计算、生成报告，或者只是在屏幕上绘制对象。

当希望对具有不同接口的多个对象中的数据执行操作时，可使用访问者模式。如果必须对这些类执行不相关的操作，访问者模式也很有价值。

然而，正如将在后面的程序示例中看到的那样，仅当不希望向程序中添加许多新类时，访问者模式才是一个不错的选择。

程序示例

创建第 14 章中探讨的员工问题的一个简单子集。Employee 对象它包含了员工姓名、薪水、休假天数和请病假天数的记录。

```python
class Employee():
    def __init__(self, name, salary,
                       vacdays, sickdays):
        self.vacDays = vacdays  # save the days
        self.sickdays = sickdays
        self.salary = salary    #salary
        self.name = name        #and name

    # return the name
    def getName(self): return self.name
    # and vacation days
    def getVacDays(self): return self.vacDays
    def getSalary(self): return self.salary

    # accept the Visitor and call it
    def accept(self, v: Visitor):
        v.visit(self)
```

请注意，在此类中使用了 accept 方法。现在假设要准备一份截至目前，有关今年所有员工休假天数的报告。汇总每个员工的 getVacDays 函数的调用结果，或者可以将此函数放入访问者方法中。

在只有 Employee 类，基本的抽象访问者类定义如下：

```python
# abstract base class
class Visitor():
    def visit(self, emp):
        pass
```

请注意，这里没有指定访问者对客户端类、或抽象访问者类中的每个类执行了什么操作。事实上，可以编写大量的访问者，对程序中的类完成不同的事情。此处要编写的 Visitor 类首先完成所有员工休假数据的汇总：

```python
class VacationVisitor(Visitor):
    def __init__(self):
        self.totaldays = 0

    # sum the vacation days
    def visit(self, emp: Employee):
        self.totaldays += emp.getVacDays()

    def getTotalDays(self):
        return self.totaldays
```

访问每一个类

通过查看员工列表，遍历每个员工，计算已休假的总天数，然后向访问者询问总休假天数。

```
vac = VacationVisitor()  # create the 2 visitors
# do the visitation
for emp in self.employees:
    emp.accept(vac)

# print out sum
print(vac.getTotalDays()))
```

下面重申每次访问的内容。

1. 循环遍历所有员工。
2. 访问者调用每个员工的 accept 方法。
3. 员工实例调用访问者的访问方法。
4. 访客者获取休假天数并将其添加到总数中。
5. 主程序在循环完成时打印输出休假总数。

访问类

当存在具有不同接口的多个不同类，并且要封装如何从这些类中获取数据的方法时，访问者类变得更加有用。下面通过引入（Boss）类来扩展假期模型。假设 Boss 类会得到奖励假期（而不是金钱）。所以 Boss 类有几个额外的方法来设置和获取奖励假期信息。

```
class Boss(Employee):
    def __init__(self, name, salary, vacdays,
                        sickdays):
        super().__init__(name, salary, vacdays,
                    sickdays)
        self.bonusdays = 0

    def setBonusdays(self, bd):
        self.bonusdays = bd

    def getBonusdays(self):
        return self.bonusdays

    # accept the Visitor and call it
    def accept(self, v: Visitor):
        v.visit(self)
```

对于任何具体访问者类，必须为 Employee 类和 Boss 类提供多态访问方法。需要询问 Boss 类的常规假期和奖励天数，因此访问方法现在有所不同。在这里，创建一个新的 BVacationVisitor 类来解决这种计算差异。

```
class BVacationVisitor(VacationVisitor):
    def __init__(self):
        self.totaldays = 0
```

```python
def visit(self, emp: Employee):
    self.totaldays += emp.getVacDays()

# adds in total days including bonus days
def visit(self, emp: Boss):
    self.totaldays += emp.getVacDays()
    if isinstance(emp, Boss):
        self.totaldays += emp.getBonusdays()
```

虽然 Boss 类派生自 Employee 类，但它们根本不需要关联，Boss 类只需要具有访问者类的 accept 方法即可。然而，非常重要的一点，对于要访问的每一个类需要在 Visitor 类中实现一个 visit 方法；不要指望继承此行为，因为父类的访问方法是 Employee 类而不是 Boss 类的访问方法。同样，每个派生类（Boss 类、Employee 类等）都必须有自己的 accept 方法，而不是在其父类中调用一个方法。

Python 不支持这种级别的多态（因为动态类型的缘故），因此，需要在调用 getBonusDays 方法之前检查员工的类型。

同时访问经理和员工

以下程序对员工和经理的集合进行访问。原始的 VacationVisitor 方法将 Boss 类也视为 Employees 类，并且仅获取它们的普通假期数据。BVacationVisitor 方法可以获得两者。

```python
vac = VacationVisitor()   # create the 2 visitors
bvac = BVacationVisitor()
self.clearFields()
# do the visitations
for emp in self.employees:
    emp.accept(vac)
    emp.accept(bvac)
# put the totals in the two fields
self.total.insert(0, str(vac.getTotalDays()))
self.btotal.insert(0, str(bvac.getTotalDays()))
```

两行显示数据表示用户单击 Visit 按钮时计算的两个总和（见图 30-4）。

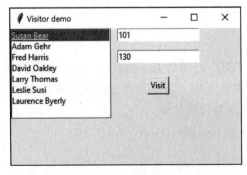

图 30-4　总休假天数的计算

该程序还允许用户单击任何员工并查看他们的假期（见图 30-5）。

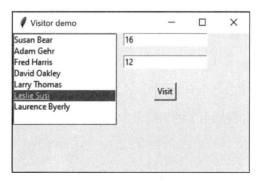

图 30-5 单个员工的假期

二次分发

实际上访问者工作把一个方法分派了两次。访问者调用给定对象的多态 accept 方法，accept 方法调用访问者的多态 visit 方法。这种双向调用使用户能够在任何具有 accept 方法的类上添加更多操作，因为我们编写的每个新访问者类，都可以对这些类中可用的数据执行我们可能想到的任何操作。

遍历系列类

将类实例传递给访问者的调用程序必须知道要访问类的所有现有实例，并且必须将它们保存在一个简单的结构中，例如列表。也可以将列表传递给访问者，访问者本身可以保留要访问的对象列表。本章中的简单程序示例使用对象列表，但任何其他方法都同样有效。

访问者模式总结

当要封装从多个类的多个实例中获取数据的操作，访问者模式很有用。访问者可以为类的集合添加功能并封装它使用的方法。

然而，访问者模式的不合理之处在于：它不应该从类中获取私有数据，而仅限于访问从公共方法中获得的数据。这可能会迫使用户提供原本不提供的公共方法。但是，访问者可以从不相关的类的不同集合中获取数据，并向程序呈现全局计算的结果。

使用访问者向程序添加新的操作很容易，因为访问者包含源代码而不是每个单独的类。此外，访问者可以将相关操作收集到一个类中，而不是强迫更改或派生类来添加这些操作。这种模式使得程序更易于编写和维护。

访问者在程序的增长阶段帮助不大，因为每次添加必须访问的新类时，都必须向抽象访问者类添加抽象的访问操作；此外，还必须为编写的每个具体访问者添加该类的实现。当程序达到一定程度，出现许多不太可能的新类时，访问者可以成为强有力的补充。

GitHub 中的程序

EmployeeVisits.py：经理和员工的访问者示例。

第五部分 *Part 5*

Python 基础知识

Python 是一种易于学习的语言，它的目标是创建一种新的脚本语言。因为没有其他语言的"语法糖衣"，它不像类 C 语言（C、C++、Java 和 C# 等）需要复杂的括号和语法，用户可以直接阅读 Python 语句。例如，只需阅读以下程序即可弄清楚程序的含义。

```
array = [2, 5, 7, 9]
for a in array:
    print (a/2)
```

输出结果为：

```
1.0
2.5
3.5
4.5
```

1991 年，Python 的第一个版本 0.90 版发布，然后在 1994 年 1.0 版发布。Python 持续发展，2008 年 3.0 版发布，3.0 版修复了早期版本中存在的一些设计缺陷，因此与早期版本并不完全兼容。

此部分章节系统总结了 Python 语言。为读者讲解 Python 的语法和句法，带领读者从 Python 的基础知识学起。

Python 中的变量和语法

Python 具备现代编程语言的所有特性。如果用户熟悉 C、C++ 或 Java，那么他也会对 Python 的大部分语法非常熟悉。

Python 通过变量来表示可能在程序期间发生变化的数字和字符串。通常变量名为小写字母。

在 Python 中，大小写很重要，如果编写如下语句。

```
y = m * x + b          # all lower case
```

或者

```
Y = m * x + b          # Y differs from y
```

上述语句指的是两个不同的变量：Y 和 y。做出这样的区分非常有用，例如，程序员经常将引用常量的符号大写。

```
PI = 3.1416            # implies a constant
```

程序员有时还会使用大小写混合的数据类型和该数据类型的小写变量。在这里，创建一个名为 Temperature 的类和一个小写的该类型的变量。

```
class Temperature          # begin definition
temp = Temperature(37.2)   # an instance
```

要了解更多关于类如何使用的信息，请参阅第 1 章。

数据类型

Python 中的主要数据类型与 C 和 Java 中的数据类型一致，如表 31-1 所示。

表 31-1 Python 中的主要数据类型

数据类型	描述
Boolean	值为 True 或 False
int	长整数
float	浮点，双精度
string	多字符
complex	数值分两部分：实部和虚部

布尔变量只能取 True 或 False。布尔变量通常来自比较等逻辑运算。

```
gtnum = k >6        # true if k is greater than 6
```

与 C 语言不同，不能将数值赋给布尔变量，也不能在布尔和任何其他类型之间进行转换。Python 中的布尔值 True 的值为 1，False 的值为 0。

但是，可以将任何变量的值重新分配给新类型。

```
gtnum = "lesser"    # now is a string
```

数字常量

Python 不像 Java 和 C 语言那样支持命名常量的概念。在 Python 中，任何命名实体都是一个变量，该变量采用程序分配给它的值的类型，并在程序为其分配另一个值时更改类型。

```
PI = 3.14159 # float
PI = "cherry" # string
```

按照惯例，所有大写的变量名都是常量。

在程序中键入的任何数字，如果没有小数部分，则默认为整数型（int）；如果有小数部分，则默认为浮点型（float）。

Python 还有三个保留字常量：True、False 和 None。其中 None 表示尚未引用任何对象的对象变量。

字符串

Python 的字符串由零个或多个字符组成，它是不可更改的。所有对字符串进行操作的方法都会生成一个新字符串，其中包含该方法执行的方式。

Python 的字符串用单引号或双引号括起来表示。用户还可以使用三重引号，三重引号括起来的字符串可以连续多行。但是换行符将成为此类字符串的一部分。

```
# strings can be enclosed in single
# or double or triple quotes
fstring = "fred"
```

```
astring = 'sam'

longstring = """this can even go on for
                several lines"""
```

每个字符串函数返回值为新的字符串，原来的字符串保持不变，例如：

```
newstring = oldstring.capitalize()
```

如下是最为常见的字符串函数：

```
lower, upper
isalpha, isdigit
replace
split (returns a List)
strip
removeprefix, removesuffix (in version 3.9 and later)
```

本章末尾的表 31-2 给出了字符串函数的完整列表。

Python 没有提取子字符串（substring）的方法，但可以使用 in 运算符来实现此功能。

```
if "sam" in "samuel":
    print ("sam is there")
```

用户还可以使用 Python 的切片功能，切出字符串的一部分，例如：

```
text = "Learning Python"
# first 3 characters
print(text[0:3]) #Lea
```

有关切片的更多详细信息，请参阅第 34 章。

此外，len 函数适用于字符串和列表（或数组）。

```
num = len(newstring)
```

字符常量

Python 中的空白字符可以由前面带有反斜杠的特殊字符表示。反斜杠本身是一个特殊字符，因此它可以用双反斜杠来表示。Python 中的字符常量如表 31-2 所示。

表 31-2　字符常量

字符常量	描述
'\n'	另起新行
'\r'	转行
'\t'	Tab 字符
'\b'	退格
'\f'	换页
'\0'	空字符
'\"'	双引号

（续）

字符常量	描述
'\''	单引号
'\\'	反斜杠

这里我们用单引号将字符括起来，但用户也可以使用双引号。

变量

Python 中的变量名可以是任意长度、任意大小写字母和数字的组合，但第一个字符必须是字母。Python 编程爱好者喜欢使用小写字母来表示 Python 的变量名称和函数名称，但有时候，可通过在单词之间放置下划线以提高程序可读性。

```
sum_of_pairs
```

注意，由于 Python 语言区分大小写，以下变量名称均指代不同的变量。

```
temperature
Temperature
TEMPERATURE
```

通常变量名大多使用小写字母，类名通常以大写字母开头，习惯上（但不是必须）常量的名称全部使用大写字母。

Python 根据分配给它的值来推断变量的类型，不需要在使用变量之前声明变量。

```
j = 5                      # an integer
xyz = 273.16               # float type (double)
temp_name = "Celsius"      # a string
temperature = 92.8
hot = temperature > 80     # Boolean
```

复数

复数由实部和虚部组成，表达形式为：

$a+bi$

式中，i 是虚数，即 -1 的平方根。使用 complex 方法或使用 j 可创建复数。

```
cmplx = complex(5.43, 2.22) # a complex number
cmplx2 = 5.5 + 2.2j         # also complex number
```

复数具有可以直接访问的实部和虚部。

```
r = cmplx.real
ipart = cmplx.imag
```

对这些数字进行简单的算术运算（加、减、乘、除），但它们通常作为运算的一部分出现，例如傅里叶变换。

整数除法

在 Python 中，如果用一个整数除以另一个整数，结果将不是整数，而是浮点数，这与其他一些语言不同。

例如以下运算：

```
x = 4/2
print(x)
x = 5/2
print(x)
```

打印输出结果为：

```
2.0
```

以及

```
2.5
```

如果希望得到除法的实际整数结果（其中的余数被丢弃），可以使用双斜杠或 floor 运算符。

```
x= 5//2
print (x)
```

这会输出预期的整数结果。

```
2
```

用于初始化的等号

与 C 和 Java 一样，Python 允许在单个赋值语句中，将一系列变量初始化为相同的值。

```
i = j = k = 0
```

这可能会造成混淆，所以不建议频繁这么做。编译器为以下各项生成相同量的代码。

```
i = 0
j = 0
k = 0
```

在单个语句中可为多个变量赋予多个值。

```
a, b = 4.2, 5.6
```

事实上，Python 允许同时为多个类型的变量赋值。

```
a = 4.2
b = 5.6
```

使用以下语法可在一行中交换两个变量的值。

```
a, b = b, a      # swap values
```

这也适用于三个或更多变量的情况，函数可以以类似的方式返回多个值。

```
x, y =calcFunc(z)
```

一个简单的 Python 应用程序

下面是一个非常简单的 Python 程序，它完成两个数字相加。

```
""" add 2 numbers together """
a = 1.75        # assign values
b = 3.46
c = a + b       # add together

# print out sum
print("sum = ", c)
```

如果将此代码输入任何开发环境并执行程序，输出结果如下：

```
sum = 5.21
```

对于这个简单的程序，我们还能看出什么？

注释以 # 开头并在行尾终止。用三重引号可将注释括起来。按照惯例，在注释的开头 # 之后需采用一个空格隔开。

与 C、Java 和大多数其他语言（Pascal 除外）一样，等号用于表示数据赋值。

打印输出函数用于在屏幕上打印输出结果值。在 Python 3 中，需要打印输出的变量列表必须用括号括起来。Python 2 打印输出语句不需要这些括号。

编译和运行程序

这个简单的程序是第 31 章 GitHub 中的 examples.py。通过将其复制到任何便于访问的目录下，并将其加载到客户开发环境中来编译和运行它。

算术运算符

Python 中的算术运算符与大多数其他现代语言中的算术运算符非常相似，如表 31-3 所示。

表 31-3　算术运算符

算术运算符	描述
+	加
−	减
*	乘
/	除
%	取余
//	商

位运算符

位运算符用于对整数执行 AND、OR 和补码运算，以添加或屏蔽单个位，如表31-4所示。

表 31-4　位运算符

位运算符	描述
&	按位与
|	按位或
^	按位异或
~	求补
>> n	右移 n 位
<< n	左移 n 位

用户可能不太熟悉位操作，所以这里给出几个例子。在字节或整数中设置特定位的目的是为了使用该数字来设置某种硬件寄存器或其他类型的位图。

位与函数有时称为屏蔽函数。它将两个输入值中都为 1 的位设置为 1，其余为 0。

```
x = 7          # 0111, and
z = 10         # 1010, then
val = x & z    # 0010, since one bit is set in both
```

OR 运算符将输入值中都为 0 的位设置为 0，其余为 1。

```
val = x | z         # 1111 is the result
```

补码运算符交换输入值中的所有 1 和 0。

```
val = ~z            # 11110101 – to 8 bits
                    # same as -z-1, or -1011
```

左移和右移运算符将输入值中的位向左和向右移动，空缺用零填充。

```
val = x << 1        # left shift 1 place 1110
val = x >> 1        # right shift 1 place 0011
```

复合运算符和赋值语句

Python 允许用户将加法、减法、乘法和除法结合起来使用，并将结果赋值给一个新变量。

```
x = x + 3      # can also be written as:
x += 3         # add 3 to x; store result in x

# also with the other basic operations:
temp *= 1.80   # mult temp by 1.80
z -= 7         # subtract 7 from z
y /= 1.3       # divide y by 1.3
```

这些复合运算符之间不能有空格。

比较运算符

> 运算符表示"大于"。特别注意,"等于"需要用两个等号,"不等于"表示为" !=",比较运算符如表 31-5 所示。

表 31-5 比较运算符

比较运算符	描述
>	大于
<	小于
==	等于
!=	不等于
>=	大于或等于
<=	小于或等于

输入语句

前面讲述了如何使用各种运算符并打印输出结果。但是,如果我们希望输入一些数据供程序处理,该如何实现?为此,Python 提供了输入(input)语句,它可以打印输出提示字符串,等待用户从键盘输入。

```
name = input("What is your name? ")
print("Hi "+name +" boy!")
```

这个小程序会询问用户的姓名,等待用户输入字符串并按回车键。因此,最终的结果如下:

```
What is your name? Jim
Hi Jim boy!
```

当然,用户也可以输入数字,但必须确保将输入的字符串转换为整型或浮点型。不管用户想要什么样的值,输入语句总是返回一个字符串。

```
x = float(input("Enter x: "))
y = float(input("Enter y: "))
print("The sum is: ", x+y)
```

结果输出为:

```
Enter x: 23.45
Enter y: 41.46
The sum is:  64.91
```

程序会检查输入的合法性。例如,如果输入 qq 而不是 22,则会出现 Python 错误:

```
File "C:\Users\James\PycharmProjects\input\inputdemo.py", line 7, in <module>
    y = float(input("Enter y: "))
ValueError: could not convert string to float: 'qq'
```

有一些方法可以完成异常检查,例如捕获异常,我们将在第 34 章中详细说明。

PEP 8 标准

Guido van Rossum 和一些同事在 Python 增强提案 8 (PEP 8) 中收集并记录了若干代码可读性标准。他们指出，人们阅读代码的次数远多于编写代码的次数，并建议大家遵循这些代码标准。它们不是硬性规定，但被广泛接受。可以很容易地在网上找到完整的 PEP 8 文档，以及相关一些摘要。在很大程度上，这些建议可以归结为明智地使用更多的空格来提高代码的可读性。

变量和函数名

变量名应该全部小写。为了增加较长变量名的可读性，可使用下划线来分隔变量名称中的单词。

sum_of_pairs

这种命名风格有时称为 snakecase。类中的函数（有时称为方法）遵循相同的约定。

与不同用户选择的变量命名风格相比，在整个程序中保持一致的编程风格更为重要。混合大小写并非不可以，但不太常见。我们很少看到使用 snake case 风格的程序，因为输入这些变量名比较困难。

请务必选择可读、有意义的变量名称，而不是代码中的单个字符名称，例如 a 或 x。

```
apples = boxes * capacity          # readable
a = b * c                          # confusing
```

应避免使用小写"L"或大写"O"之类的变量名，此类字符很容易与 1 和 0 混淆。

常量

用大写字母表示常量：

AVOGADRO = 6.02e23

这么做的目的是方便读者阅读，并非 Python 程序强制。

类名

类名应该以大写字母开头，可以有更多的大写字母来分隔单词，但不应该包含下划线：

class Pairs:

class CsvFileReader:

这种混合大小写的命名风格被称为 CamelCase。

空格

循环和类中的缩进应始终为四个空格。尽管不应该使用制表符代替空格，但大多数开发环境都会自动将一个制表符转换为四个空格。

在每个新类之前放置两个空行，在每个新函数之前放置一个空行。（在打印输出的程序中，由于空间限制，有时会减少到一个空行。）

在等号和算术运算符两边分别放置空格。

```
y = m*x + b
```

但是，当运算符具有不同的优先级时，如上面的乘法符号（*），应该只在较低优先级的运算符（+）周围添加空格。

同样，不应将空格放入复合运算符中，例如：

```
index += 1
```

在列表和其他类型的数组中，应该在逗号后添加空格。

```
fruits = [apples, oranges, lemons]
```

注释

在 # 和注释的第一个文本字符之间放置一个空格。虽然可以将注释单独放在一行上，但也可以在任何代码行上添加注释。PEP 8 标准建议谨慎使用行内注释。

如果注释连续多行，应该将它们与当前的代码缩进对齐。

```
def addArrays(a, b):
    a[0] += b[0]      # add one element
        # The data in these arrays may be substantial
    # so we check the size next
```

当用户开始学习一门新语言时，最初的反应可能是忽略注释，但注释对于编程帮助很大。注释对理解代码的用途非常有帮助。

文档注释

如果程序代码以三个引号开头，则可以添加多行描述函数或类的注释。如果将注释放置在类或函数声明之后，则称之为文档注释。使用此类注释可详细描述类中的组件。

```
""" This module allows you to enter donations manually, or read them from a csv file
The donor table is a subset of all patrons who have at some time donated. """
```

字符串函数

Python 为用户提供的字符串函数如表 31-6 所示。

表 31-6　字符串函数

字符串函数	描述
capitalize()	将字符串的首字符转换为大写
casefold() lower()	将所有字母转换成小写

（续）

字符串函数	描述
center(length, char)	字符串居中，并使用指定字符（char，默认为空格）填充至指定的宽度（length）
count(arg)	返回 arg 在字符串里面出现的次数
endswith(char)	如果字符串以特殊字符结束，返回 True
find(argstr) index(argstr)	返回参数字符串在字符串中的索引值
isalnum()	如果参数字符串中所有字符都是字母或数字，返回 True
isalpha()	如果字符串中所有字符都是字母，返回 True
isdigit() isnumeric()	如果字符串中所有字符都是数字，返回 True
isidentifier()	如果字符串由字符、数字、下划线组成，且首字符非数字，返回 True
isprintable()	如果所有字符都可以打印，返回 True
isspace()	如果字符串只有空白字符，返回 True
istitle()	如果字符串首字母为大写，其余字母为小写，返回 True
isupper()	如果字符串所有字符为大写，返回 True
join()	将列表或元组中包含的多个字符串连接成一个字符串
lstrip() ljust()	去除字符串开头的空白符
partition(argstr)	根据指定分隔符 argstr 将字符串进行分割，返回一个三元的元组，分隔符左边的字串，分隔符本身，分隔符右边的字串
replace(oldarg,newarg)	用 newarg 字符串替换所有出现的 oldarg 字符串
removerefix(argstr)	去除字符串前缀
removesuffix(argstr)	去除字符串后缀
rfind(argstring)	反向查找字符串中指定的子字符串 argstring 最后一次出现的位置
rpartition(argstr)	反向查找字符串中的第一个 argstr，并以 argstr 为界，将字符串分割
rsplit(argstr,max)	通过指定分隔符对字符串进行分割，并返回分割后的字符串列表。与 split 类似，rsplit 从字符串右边开始分割
rstrip()	去除字符串末尾的空白符
split(sep)	通过指定分隔符 sep 对字符串进行分割，并返回分割后的字符串列表
splitlines()	按照行进行分割，得到新的列表
strip()	去除字符串头尾指定的字符（默认为空格）
swapcase()	交换字符串字母中的大小写
title()	返回满足标题格式的字符串，即所有英文单词首字母大写，其余英文字母小写

GitHub 中的程序

❑ examples.py：本章所有例子。

❑ printbin.py：所有按位运算符。

❑ inputdemo.py：说明输入语句的用法。

Python 中的判定语句

if-else 语句在 C 语言、Java 和 Python 语言中的作用类似。值得一提的是任何条件语句都以冒号结尾，并且所有要执行的语句都必须缩进四个空格。许多 Python 开发环境允许使用制表符来创建这种缩进。

```
if y > 0:
    z = x / y
    print("z = ", z)
```

如果要根据某个条件执行一组语句或另一组语句，则应将 else 子句与 if 语句成对使用。

```
if y > 0:
    z = x / y
else:
    z = 0
```

如果 else 子句包含多个语句，则它们必须缩进，如上例所示。请注意，else 子句也需要一个冒号以便将其关闭。

Python 不像 Java 和 C 语言那样要求将 if 语句的判定条件括在括号中。但是，如果用户认为使用括号可以使语句更清晰，这样做也可以。

条件判定语句

当有连续多个选择时，例如在下面的票价示例中，使用 if 和 elif（代表"else if"）条件判定语句会很有用。最后的条件语句可以是 else，它涵盖了所有剩余的可能性。

```
"""Demonstration of elif"""
if age < 6:
```

```
    price = 0    # child is free
elif age >= 6 and age < 60:
    price = 35   # adult price
elif age >= 60 and age < 80:
    price = 30   # senior
elif hasStudentId:
    price = 15   # student
else:
    price = 20   # super Senior 80 or higher
```

组合条件

当需要在单个 if 或其他逻辑语句中组合两个或多个条件判断时，可以使用逻辑运算符 and、or 和 not。这些与 C/C++ 以外的任何其他语言都完全不同，并且与第 31 章中显示的位运算符一样容易混淆。

在 Python 语言中，逻辑运算符 and 示例如下：

```
x = 12
if 0 < x and x <= 24:
    print ("Time is up")
```

常见错误

等于运算符是 "=="，赋值运算符是 "="，它们看起来非常相似，很容易被误用。

```
if x = 0:
    print("x is zero")
```

与如下语句不同。

```
if x == 0:
    print("x is zero")
```

```
x = 0
```

结果是双精度数 0 而不是布尔值 True 或 False。当然，如下条件语句：

```
x == 0
```

是一个布尔值，编译器不会打印输出任何错误信息。

循环语句

Python 只有两个循环语句：while 和 for。while 语句与 C 和 Java 语言中的 while 语句非常相似。

```
i = 0
while i < 100:
```

```
    x = x + i
    i += 1
print ("x=", x)
```

只要括号中的条件语句结果为真，循环就会执行。

for 循环和列表

在 Python 中，for 循环与其他语言中的循环一样强大，但代码编写要简单得多。创建一个数字组成的数组：

```
array = [5,12,34,57,22,6]
```

在 Python 中，这实际上被称为列表，但它本质上是一个数组。我们可以遍历这个数组的六个成员并打印输出，循环代码如下：

```
for x in array:
    print (x)
```

如果只想遍历数组的一部分，可以使用 range 函数来生成相关索引。

```
for i in range(0,5):
    print (i, array[i])
```

此 range 函数从 0 开始，并在到达上限之前循环停止。

```
0 5
1 12
2 34
3 57
4 22
```

使用如下代码来获取所有六个元素。

```
range(0,6)
```

如果只想得到数组的中间元素，可以使用如下代码。

```
range(1,5)
```

if 语句的使用范围

重写本章开头的机票定价程序，使用 range 函数和 in 关键字检查变量是否在给定范围内。

```
# elif Demo using range method instead
if age < 6:
    price = 0     # child is free
elif age in range(6, 60):
    price = 35    # adult price
elif age in range(61,80):
    price = 30    # senior
elif hasStudentId:
    price = 15    # student
else:
    price = 20    # super Senior 80 or higher
```

中断与继续语句

中断（break）和继续（continue）语句提供了跳出循环的方法。示例如下：

```python
xarray= [5,7,4,3,9,12,6]
sum = 0
for x in xarray:
    sum += x
    if sum > 16:
        break
    print (sum)
```

当总和超过 16 时，break 语句结束 for 循环。当然，也可以避免跳出循环。例如：

```python
sum = i = 0
quit=False
while not quit:
    sum += xarray[i]
    print(sum)
    i += 1
    quit = sum >= 16
```

或者可以使用如下迭代：

```python
xiter = iter(xarray)
sum=0
while sum < 16:
    sum += next(xiter)
    print(sum)
```

有些程序员觉得循环应该只有一个入口和一个出口，应该避免使用 break 语句。当程序员查找错误时，包含中断的循环可能很难追踪。但是某些程序员觉得使用中断更简单、更整齐。

继续语句与中断语句类似，不同之处在于它进入当前循环的底部而不是退出循环。例如：

```python
for i in range(10):
    if i==6:
        continue
    print(i)
```

该程序打印输出 0 ～ 9 的数字，但省略了 6。这是一个简单的示例，它可以很容易地重写如下：

```python
for i in range(10):
    if i != 6:
        print (i)
```

每行长度

由于早期的硬件显示的限制，Python 鼓励程序员将程序行宽保持在 80 个字符以下，但这不是硬性规定。虽然太长的程序代码很难理解，但可以在需要时编写连续多行的语句。

编写如下算术运算。

```
a = b*c + d*e
```

给变量轻松赋予更有意义的名称，例如：

```
apples = boxes * capacity + storage_bins * bin_size
```

为了进一步说明这个用例，建议把上一行语句更改如下：

```
apples = (boxes * capacity) \
        + (storage_bins * bin_size)
```

这种转行语句格式更具可读性，这里使用了续行符"\"。

使用不带续行符的多行表达式，只要它包含在圆括号、大括号或方括号中即可。如下所示：

```
apples = (boxes * capacity
         +storage_bins * bin_size)
```

打印输出函数

print 函数只是将字符串打印输出到终端控制台。如果有多个元素则以逗号分隔，Python 会将每个元素转换为字符串并在元素之间添加一个空格。如下两条语句：

```
age = 12
print("I am", age, "years old")
```

将打印输出如下字符串：

```
I am 12 years old
```

通过在 print 函数中添加 sep= 参数来将空格分隔符替换为任何其他字符。

```
print(5, 6, 7, 8, sep="-")
```

这产生如下输出结果：

```
5-6-7-8
```

通常，打印输出函数以换行符终止它打印输出的字符串，以便光标移动到下一行。也可指定结束字符（通常是空格或空字符串）来更改换行。

```
print ("Your name is: ", end="")
print ("Susan")
```

打印输出结果为：

```
Your name is: Susan
```

格式化数字

假设编写如下代码：

```
x = 4.5 / 3.22
k = 12
print(k, x)
```

打印输出结果为：

```
12 1.3975155279503104
```

同样，如果编写如下代码：

```
print(0.1 + 0.2)
```

Python（或几乎任何其他语言）将打印输出如下结果：

```
0.30000000000000004
```

在第一种情况下，4.5/3.22 产生一个长的无理小数，看起来很不雅，并且几乎没有添加其他信息。

在第二种情况下，期望 0.1 + 0.2 的结果为 0.30，但结果却包含更多小数位。这是因为计算机无法用二进制精确表示大多数有理数，只能给出近似结果。

如果简单地砍掉该字符串的一部分，则实际数字到小数点后三个值几乎就是所期望的结果。将这些数字格式化为位数更少的数字：第 15 位或第 16 位几乎没有意义。

多年来，Python 实际上已经发展了三种不同的格式化方案，下面将按照复杂性递减的顺序来做介绍。

类似 C 语言和 Java 的格式化

格式字符串与任何所需文本一起用引号组合在一起，最后列出要格式化的变量：

```
print("Amount: %5d Price: %4.2f" % (k, x))
```

因此，整数 k 被格式化为 5 个字符宽的十进制整数，浮点变量 x 被格式化为 4 个字符宽，小数点后有 2 位小数。输出结果如下：

```
Amount:    12 Price: 1.40
```

这种格式化方案类似 C 语言和 Java，但请注意，引用的格式字符串与变量列表之间用 % 符号而不是逗号分隔，并且变量列表包含在括号中。

其他格式化字符串表达为：%s 表示字符串，%x 表示十六进制，%b 表示二进制。添加字符 + 会强制在数字前加上正负号。

格式化字符串函数

Python 的另一种格式化方法是创建一个格式化字符串函数，其中变量的占位符与格式化信息一起用大括号括起来：

```python
print("Amount:{a:5d} Price:{b:4.2f}".format(a=k, b=x))
```

本例中，标签 a 和 b 显示了这两个数字的位置，格式化字符串函数用于表示哪些变量是 a、b、k、x。输出与上个例子相同。

f 字符串格式化

最后一种方法是从 Python 3.6 开始引入的，是迄今为止最简单的方法，它也被认为是最 Python 化的。变量名及其格式信息采用大括号括起来：

```python
print(f'Amount: {k:5d} Price: {x:4.2f}\n')
```

在这种方案中，不使用百分号，变量后跟同一对大括号内的格式化信息。请特别注意，f 字符串是一个带引号的字符串，最前面的字母 f 在第一个引号之前。输出结果与前两种方法相同。

请注意，这种格式化方案会创建一个格式化的字符串，然后将其打印输出。当用户格式化数据以便将其显示在某个窗口中时，这是一种非常有用的方法，可以完全控制该窗口实际显示的具体内容。

```python
label = f'Amount: {k:5d} Price: {x:4.2f}'
print(label)
```

逗号分隔数字

如果希望提高较大的整数或浮点数的可读性，可以使用逗号格式运算符来格式化数字。

```python
num=100000
label = f'{num:,}'
print (label)
```

输出结果为：

```
100,000
```

同样的，代码如下：

```python
fnum=150234.56
label = f'{fnum:,.2f}'
print (label)
```

输出结果为：

```
150,234.56
```

请注意，此处使用格式 .2f 表示小数点后添加两位小数。

字符串的格式

我们可以控制字段的宽度和对齐方式。通常，数字采用右对齐，字符串采用左对齐，但是可以使用符号 < 和 > 作为字符串格式的一部分。

如下是正常格式的名称列表：

```
names=["Amy", "Fred", "Samuel", "Xenophon", "Constantine"]
for n in names:
    print(f"{n:12s}")
```

输出结果为：

```
Amy
Fred
Samuel
Xenophon
Constantine
```

要右对齐字符串，用户只需在格式化字符串中添加大于号：

```
for n in names:
    print(f"{n:>12s}")
```

程序将提供右对齐的字符串输出：

```
         Amy
        Fred
      Samuel
    Xenophon
 Constantine
```

格式化日期

内置的 Python 日期类可以表示年、月和日，日期时间类还包含小时、分钟和秒。此代码获取当前日期，然后将其格式化打印输出：

```
# get today's date
todate = date.today()

# and print it formatted
print (f'Todate= {todate:%m-%d-%Y}')
```

使用两个名称容易混淆的函数（strptime 函数和 strftime 函数）将字符串转换为日期。strptime 函数获取一个字符串并将其转换为日期格式，而 strftime 函数将时间转换为字符串。

这两个函数的作用是将日期转换为不同的格式。例如，有一个采用美国通用格式 mm-dd-yyyy 的日期表，需要将它们转换为大多数数据库中日期对象的通用格式 yyyy-mm-dd。

```
#convert a date string to a datetime object
da = datetime.strptime("02/07/1971", "%m/%d/%Y")
ystring = da.strftime("%Y-%m-%d")
print(ystring)
```

匹配函数

大家可能熟悉类 C 语言中的 switch 语句。以下为 Java 中的经典 switch 语句：

```
int tval =12;

    switch (tval) {
        case 2: System.out.println("two");
            break;

        case 3:
        case 12:
            System.out.println("3 or 12");
            break;

        default:
            System.out.println("all the rest");
            break;
    }
```

从 Python 3.10（2021 年 10 月发布）开始，可以使用 Python 的匹配（match）函数来实现类似开关的功能。match 函数匹配简单的值、字符串和非常复杂的模式。如下程序的功能与上例相同：

```
tval = 12
match tval:
    case 2:            # if 2
        print("two")
    case 3 | 12:       # 3 or 12
        print("3 or 12")
    case _:            # anything else
        print('all the rest')
```

请注意，与 Java 不同的是，这里没有使用大括号，并且不需要用 break 语句结束每个 case 语句。在单个 case 语句中可将多个值组合在一起，并使用下划线代替 default 来为未能匹配的其他任何值提供 case 选择语句。

与大多数其他语言不同，Python 还可以完成字符串匹配：

```
name = 'fred'
match name:
    case 'sam':
        print('sam')
    case 'fred':
        print('fred')
    case 'sally':
        print('sally forth')
```

模式匹配

匹配（match）语句可以很容易地匹配更复杂的模式。但是，模式的描述必须由固定值而不是变量组成。

创建一个带有内部 x 和 y 变量的简单 Point 类。

```
class Point:
    def __init__(self, x, y):
        self.x = x
        self.y = y
```

下面可以使用看起来很像构造函数的表达式来匹配 Point 类。

```
def location(point):
    match point:
        case Point(x=0, y=0):
            print("Point is at the origin.")
        case Point(x=0, y=y):
            print(f"Y={y} point is on the y-axis.")
        case Point(x=x, y=0):
            print(f"X={x} point is on the x-axis.")
        case Point():
            print("The point is somewhere else.")
        case _:
            print("Not a point")
```

创建一个点对象，看看它是如何匹配的：

```
p = Point(100, 0)
location(p)
```

结果匹配到模式 x=x, y=0 并且程序打印输出结果如下：

```
X=100 and the point is on the x-axis.
```

本示例摘自 Python 3.10 文档中有关 match 语句的教程。

参考资料

www.python.org/dev/peps/pep-0636/ 。

GitHub 中的程序

❑ decisions.py：while、if、elif 语句示例。
❑ breaks.py：使用 break 语句的示例。
❑ continue.py：使用 continue 语句的示例。
❑ matches.py：匹配函数的示例。

Python 开发环境

从网站 python.org 可下载并安装当前版本的 Python。Python 的安装包括 IDLE——Python 的集成开发和学习环境，这是为了纪念 Monty Python 的完成者 Eric Idle。

IDLE

IDLE 是一个交互式窗口，可以在其中键入 Python 语句并查看它们的作用。如果输入一个变量名，IDLE 会显示它的当前值。

通过使用菜单"文件"，选择子菜单"新建"，打开一个新的文件编辑窗口，然后在其中创建一个完整的应用程序。再通过按 F5 或选择"运行"来运行该程序。结果出现在 shell 窗口中。

IDLE 在运行代码之前会询问用户将代码保存在何处，以便用户拥有所编写的每个程序的副本。

IDLE 是一个不错的小试验环境，但它有许多限制：无法单步执行程序或设置断点来调试它，无法在程序执行时检查变量的值。这可能只适合初学者，但 Python 的工作方式与其他语言有很大不同，掌握这些特性可以帮助用户更轻松地掌握 Python。

Thonny

Thonny 是一个免费的初学者开发环境，可以从 thonny.org 下载。它很直观，有一个程序窗口、一个变量窗口和一个输出窗口。

在主窗口中编写代码或从文件中导入代码，然后单击"运行""运行当前脚本"或按F5。Thonny 支持断点，可以使用 F6 单步执行程序，使用 F7 单步执行循环。在此过程中，可观察变量值的变化。

使用 Thonny 可以编写相当复杂的程序，甚至可以将程序与现有的 Python 包结合起来，还可以通过按 Ctrl/ 空格键来访问关键字和语句完成。但是，如果坚持使用 Thonny 附带的 Python 3.6，它只会提供语法完成功能。如果切换到较新的版本，语法完成将被禁用。

PyCharm

PyCharm 可能是最流行的免费开发环境，它在语法和调试方面为用户提供了很多帮助。

PyCharm 是一个可免费下载的 Python 开发环境，可使用多个文件创建大型、复杂的 Python 项目。它具有语法突出显示和检查功能，并允许用户通过键入对象名称后跟一个点来查找任何 Python 对象，结果会在框中弹出。

PyCharm 有一个完整的调试器，支持用户插入断点和检查变量。PyCharm 的社区版是免费的且支持 MySQL，但要从 Python 获得支持数据库连接和 Django Web 框架的版本，用户每年需要支付大约 200 美元。该版本允许与 GitHub 互通。

Visual Studio

Microsoft Visual Studio 社区版具有适用于其他 Microsoft 语言的 Visual Studio 的所有功能。稍微花些工夫，就可以安装 Python 插件并使用 VSCode。要找到插件，只需要在窗口顶部的搜索栏中键入 Python，这应该显示 Microsoft Python 插件的安装。

VSCode 的用户界面非常漂亮，并且在语法完成方面提供了很多帮助。当运行 Python 代码时，它会启动另一个控制台窗口，在该窗口中运行 Python.exe 以运行用户的代码。用户可以通过进入"项目|属性"菜单并单击 Windows 应用程序复选框来防止这种情况发生。这是唯一一个将 Python 作为单独进程运行的 IDE，这有时确实会减慢开发速度。VSCode 的启动速度比 PyCharm 慢得多。

其他开发环境

LiClipse

LiClipse 开发环境是 Eclipse 环境的轻量级实现，支持包括 Python 在内的多种语言开发。LiClipse 不是免费的（大约 80 美元），它提供了一些有用的弹出窗口，提供了它显示的每个功能的手册页描述。

Jupyter Notebook

Jupyter Notebook 是一个开发环境，在安装所有底层代码后，它可以作为 Web 浏览器页面运行。要安装此环境，可以使用 pip Python 安装程序并键入以下内容：

```
pip install jupyter lab
```

安装所有代码后，可以通过键入以下命令从命令行启动它。

```
jupyter lab
```

这将启动一个 Web 浏览器选项卡或窗口，可以在称为单元格的行组中输入小型 Python 代码，从菜单运行任何单元格。该窗口实际上是运行在 http://localhost:8888/lab。

如果按 Tab 键，此 JupyterNotebook 窗口具有语法补全功能，但没有断点或变量检查功能。它使用 iPython 解释器，运行速度比通常的 CPython 解释器慢 10%。但是，Jupyter Notebook 有助于规划和测试小代码段，用户无须编写整个程序。

iPython 编译器支持不属于 Python 语言的附加便利函数，用于操作系统和文件命令以及配置参数。这些函数以 % 符号开头。例如，%cd 可用于更改当前工作目录。使用这些函数会将用户的 Python 程序限制在 iPython 系统中。

用户可以在此环境中创建 GUI 程序，但生成的窗口出现在笔记本窗口下方，必须在 Windows 任务栏中找到它。

Colaboratory

在 Google Docs 下，可以创建 Google Colab 文档。与 Jupyter Notebooks 一样，可以在代码单元中编写小程序并执行它们。程序在 Google 服务器上运行，速度可能非常慢。Google Colab 也不允许用户运行 GUI 代码，因为它在 Google 的远程计算机上运行，而不是在计算机上运行。因此，它对实际编程不是很有用。

Anaconda

Anaconda 本质上是一个包含大量 Python 工具的包管理器。安装 Anaconda 会添加指向 Jupyter Notebook、PyCharm 以及数据可视化和挖掘工具的链接，它还包括 Spyder 开发环境。Anaconda 的问题在于它难以保持这些工具的更新。

Wing

Wing 是一个非常不错的 IDE，在很多方面都堪称其中的佼佼者。Wing 有很好的语法完成，但它的调试器有点难用：变量值的显示隐藏在堆栈数据下。 Wing 使用户能够为 Django Web 框架创建代码，但它缺乏对虚拟环境的直观支持，并且与 PyCharm 不同，它不允许直接连接到 GitHub 以进行源代码控制。Wing 不是免费的。

命令行执行

使用个人喜欢的任何文本编辑器（Lime 编辑器很流行并且具有语法高亮显示），通过键入命令行运行用户的程序。

```
py yourprog.py
```

用户必须修改 PATH 变量以包含 Python 可执行文件的路径。

CPython、IPython 和 Jython

所有 Python 系统都将源代码翻译成字节码。字节码是对假想计算机的指令，在执行过程中会执行这些字节码，从而使 Python 程序运行起来。第一轮编译器是用 Python 编写的，但可以用其他语言编写。字节码一般由 C 语言编写的代码执行，称为 CPython。JPython（现在称为 Jython）将 Python 翻译成 Java 字节码，以便与 Java 程序结合使用。IPython 是为 Jupyter 等交互式系统开发的编译器和字节码解释器，它更通用，但相同代码的运行速度比 Python 3.8 慢约 10%。

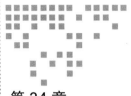

Python 的集合和文件

Python 有许多不同的集合对象：列表（本质上是数组）、元组、字典和集合。

我们已经看到了一些使用列表的简单示例，列表是 Python 中数组的等价物。通过简单地在方括号内声明内容可创建列表。

```
nlist = [2, 4, 8, 16]  # create list
```

然后按位置访问列表的元素，所有列表都从索引零开始。

```
print (nlist[0])      # first element  2
```

使用索引 −1 访问最终元素。

```
print (nlist[-1])     # last element  16
```

切片

通过第一个索引和最后一个索引可引用列表的切片。

```
print(nlist[0:3]) # first 3 elements 0, 1 and 2
```

请注意，切片从第一个索引开始，并在第二个索引之前停止。还可以通过在第一个索引为零时省略它来更简捷地（也可能更令人困惑）编写它。

```
print(nlist[:3])  # first 3 elements
```

在最后一个索引是最终数组索引的情况下，也可以省略最后一个索引，但这会造成不必要的混淆：

```
print(nlist[-3:]) # last 3 elements
```

切片语句的形式是

```
nlist[first, last, stride]
```

切片字符串

切片最常见的用途是切出字符串的各个部分。从左端开始按位置引用字符，第一个字符的编号为 0，或者从右端开始，第一个字符的编号为 −1 如表 34-1 所示。

表 34-1　字符串的编号

字符串	L	e	a	r	n		p	y	t	h	o	n
从左到右的编号	0	1	2	3	4	5	6	7	8	9	10	11
从右到左的编号	−12	−11	−10	−9	−8	−7	−6	−5	−4	−3	−2	−1

通过设定索引 0：3 来选择前三个字符。结束索引的字符不会被选中，就像在 range 函数中一样：

```
text = "Learn Python"
# first 3 characters
print(text[0:3]) #Lea
```

如果省略第一个索引，则表示从头开始；如果省略了最后一个索引，意味着走到最后。

```
#first four (0-4)
print(text[:4])  #Lear

# last 4
print(text[-4:]) #thon

#9 to end
print(text[9:]) #hon

print(text[ln-6:ln+1]) #Python
```

第三个参数是要添加到索引以获得下一个字符的步幅或数字。步幅为 2 会跳过所有其他字符：

```
print(text[0:6:2])  #Lan
```

用户还可以使用切片来反转字符串。

```
# reverse a string
name = "I love Python"
newname = name[-1::-1]  # nohtyP evol I
```

一次访问一个字符串元素非常简单。

```
nn=""
for i in range(len(name)-1, -1, -1):
    nn += name[i]
print(nn)                    # nohtyP evol I
```

负数索引

字符串、数组（列表）和元组都支持负索引，其中索引 −1 表示对象的最后一个元素。所有负索引都被视为模数数组长度。因此，在早期的 12 位字符串中，text[−13] 的计算结果为 text[−13%12] 或 text[−1] 或 *n*。

字符串前缀和后缀的移除

在 Python 3.9 及更高版本中，可以选择使用方便的方法来删除前缀或后缀。请注意，此操作区分大小写。

```
town = "Fairfield"
newtown = town.removesuffix("field")
print(newtown)    #Fair
farm = town.removeprefix("Fair")
print(farm)    #field
```

改变列表内容

因为数组可以更改（它们不是不可变的），所以可以更改程序中的一个或多个元素。

```
nlist = [2, 4, 8, 16]    # create list
nlist[2] = 300
print(nlist)
```

获得的结果如下：

```
[2, 4, 300, 16]
```

请记住，索引从零开始，直到长度减 1。

用户可以在一个空列表中增添内容来创建此类列表：

```
# create a list of squares in a loop
newlist=[]         # empty list
x = 2
while x < 10:
    newlist.append(x*x)
    x += 1
print (newlist)
```

输出结果如下：

```
[4, 9, 16, 25, 36, 49, 64, 81]
```

列表可用作堆栈，其中 append 方法和 pop 方法压入和弹出列表中的最后一个元素，也可以用同样的方式插入和删除元素。列表相关的函数如表 34-2 所示。

用户可以按索引访问字符串的元素，就好像它们是一个数组一样。

```
s="Python program"
```

```
for i in range(0, len(s)):
    print(s[i])
```

表 34-2　列表相关的函数

函　　数	说　　明
1name.append(e1ement)	添加到列表末尾
elem=1ist.pap()	返回列表中最后一个元素
elen=list.pop(index)	删除并返回 index 位置的元素
1nane.remove(index)	删除 index 位置的元素
1nane.insert(index, e1em)	在 index 位置插入元素 elem
Lnane.sort()	就地对列表进行排序
1nane.reverse()	就地对列表进行反转

不能使用其索引更改字符串字符。

```
s[5]="k"  #will FAIL
```

这是因为字符串是不可变的。

复制列表

如果用户尝试复制列表，代码如下：

```
alist = newlist    # both point to same list
```

这两个变量都指向同一个列表。复制列表的唯一方法是一次复制一个元素。

```
blist = []          # create empty list
for x in alist:
    blist.append(x) # and copy elements into it
```

或者也可以使用列表复制方法，该方法对逐个元素进行复制。

```
blist = alist.copy()
```

读取文件

Python 让程序很容易地从文件中读取数据，尤其是当数据位于文本文件中时。例如，这个简单的代码读入一个包含美国州名的文件，其中文件的每一行都有一个名称：

```
""" Read file into array """
DATAFILE="stateNames.txt"

f = open(DATAFILE, "r") # open the file
statenames=[]           # create the empty list


# read in the state names
```

```
for sname in f:
    statenames.append(sname)
f.close()

print(statenames[0:4])
print(len(statenames))
```

This program produces
```
['Alabama\n', 'Alaska\n', 'Arizona\n', 'Arkansas\n']
50
```

要打开文件，可以使用 open 函数，该函数将文件名、r（读取）、w（写入）、r+（读取和写入）作为参数，默认假设是用户正在读取文本文件。对于二进制文件，用户可以在 r 或 w 参数后附加一个 b。

例子中的 for 语句一次从文件中读取一行。

请注意从文件中读取的结束符 \n，因为每个名称在文件中都位于单独的行中。你可以去掉这个空白字符。

```
statenames.append(sname[0].rstrip())
```

然后产生预期的输出结果。

```
['Alabama', 'Alaska', 'Arizona', 'Arkansas']
50
```

使用 with 循环

with 关键字创建一个开始循环的语句，因此必须以冒号结尾。

```
with open(DATAFILE, "r") as f:
    statenames=[]
    for sname in f:
        statenames.append(sname.rstrip())

print(statenames[0:3])
print(len(statenames))
```

with 循环会自动管理文件的关闭，因此用户不必担心。

用户还可以使用 readline 方法读取单行或使用 readlines 方法将整个文件读入数组：

```
statenames=[]
statenames = f.readlines()
```

换行符也包含在每个数组元素中。

用户可以使用 w 参数以完全相同的方式编写文本文件：

```
with open(DATAFILE, "w") as f:
    for sname in statenames:
        f.write(sname + "\n")
```

处理异常

如果在执行 Python 程序期间发生错误，Python 会创建一个异常（Exception）对象。其中最常见情况是程序找不到要打开的文件，然后它生成一个 FileNotFoundError。解决此问题的最简单方法是使用 tkinter 库中的文件对话框。

```
try:
    f = open("shrubbery", "r")
except FileNotFoundError:
    print("Can't find that file")
```

另一个相当常见的错误是除以零。这里我们还显示了 else 子句，以说明如果没有发生异常该怎么做。

```
x = 5.63
y = 0

try:
    z = x/y
except ZeroDivisionError:
    print("Division by zero!")
else:
    print("result=", z)
```

使用字典

字典是一组在大括号内分组的键值对。

```
statedict = {"abbrev":"CA", "name":"California"}
```

第一项是键，后面必须跟一个冒号，第二项是值。在一个字典中可以有任意数量的这样的对。用户使用 get 方法检索所需的值：

```
s = statedict.get("abbrev")
```

或者可以设置默认返回值，以防止该键不存在。

```
s = statedict.get("abbrev", "none")
```

按如下示例可创建字典列表。

```
# create a list of dictionaries
slist = [
    {"abbrev":"CA", "name":"California"},
    {"abbrev":"KS", "name":"Kansas"}
]
```

然后，在一个简单的循环中列出状态名称。

```
# list out the values of "abbrev" in each dict
for st in slist:
```

```
    s = st.get("abbrev") # check to see it exists
    if s != None:
        print (st.get("name"))  # print out the name
```

这有点麻烦，使用一系列对象会更好。用户可以将字典用作哈希表，并将所有状态和缩写都放入其中。获取结果的速度非常快，即使对于非常长的条目列表也是如此。下面用几个条目来说明。

```
# one single state dictionary, used as a hash table
states =\
{"AK": "Arkansas",
 "CA": "California",
 "CT": "Connecticut",
 "MO": "Missouri",
 "KS": "Kansas"
}
# a single statement gets the name we want
print(states.get("CT"))
```

需要两个以上的条目，包括州首府或人口。 一个简单的解决方案是将所有这些附加值放入一个嵌套的小字典中，每个状态一个。

```
# a dictionary with a nested dictionary or properties
fullstates =\
{"AK": {"name": "Arkansas", "capital": "Little Rock"},
 "CA": {"name":"California", "capital": "Sacramento"},
 "CT": {"name": "Connecticut", "capital": "Hartford"},
 "MO": {"name": "Missouri", "capital": "Jefferson City"},
 "KS": {"name": "Kansas", "capital": "Topeka"}
}
data = fullstates.get("CT")    #get nested dictionary

# and print out the state name and capital from it
print ("CT " + data.get("name")+" "+data.get("capital"))
```

通常，将它们用作哈希表可以快速处理程序中的各种选项。

组合字典

在 Python 3.9 及更高版本中，用户可以将两个字典合在一起并获得一个新字典，每个条目只出现一次。

```
morestates =\
{"DE": "Delaware",
 "GA": "Georgia",
 "CT": "Connecticut",
 "MT": "Montana",
 "ND": "North Dakota"
}

mixedstates = states | morestates
```

```
for st in  mixedstates:
    print(st, end=" ")
```

其中 CT 只出现一次：

```
AK CA CT MO KS DE GA MT ND
```

使用元组

元组是一个用括号括起来的逗号分隔的值或变量列表。

```
tup1 = (1, 5, "fred")
dim = (200, 500)
```

元组可以被视作列表。但是与列表不同，元组不能更改（它们是不可变的）。

实际上，元组是无法更改（但在其他方面相同）的数组。用户可以遍历它们并通过索引访问它们，但不能放入新值。

Python 在内部以多种方式使用元组。一种常见的方法是表示数据库查询的结果。每行都作为元组返回，用户可以使用迭代器或索引访问其中的元素。

虽然对象有时可能是处理这些事情的更好方法，但元组在 Python 的作用不可替代，因为它们非常高效：一些函数返回两个或多个变量或值作为元组。用户也可以自己编写返回元组的函数。例如，可以编写一个函数来计算大写和小写字符并返回元组中两者的数量。我们将在下一章对此进行说明。

此外，如果用户有大量不希望修改的数据，元组的工作速度会快得多，因为它们不需要按索引读取和写入值所需的额外内存。

使用集合

集合是值的无序集合，通常是字符串或数字。使用花括号可创建一个集合。

```
fruit = {'apples', 'pears', 'lemons'}
fruitPie = {'apples', 'pears'}
```

然后可以使用 issubset 方法或小于运算符检查一个集合是否是另一个集合的成员：

```
fruit = {'apples', 'pears', 'lemons'}
fruitPie = {'apples', 'pears'}
print (fruitPie.issubset(fruit))
print (fruitPie < fruit)
```

使用运算符 | 可组合集合。

```
# combine sets
nuts = {'walnuts', 'pecans'}
granola = fruit | nuts
print(granola)
```

集合可以由字符串、数字或两者组成，重复值会被忽略。创建一个空集并向其添加值，但不能编辑或删除这些值。请注意，此处忽略了重复值 2.3。请务必使用 add 方法，而不是用于列表的 append 方法：

```
data = set()    # create an empty set
data.add (2.3)  # and add vales
data.add (4.6)
data.add (7.0)
data.add (2.3)
print (data)
```

结果输出不包含重复值。

```
{2.3, 4.6, 7.0}
```

使用此函数创建一个唯一的值列表，例如俱乐部名称，方法是将所有值添加到一个集合中。这在第 23 章中有所展示。

使用 map 函数

使用 map 函数对数组的每个元素（列表、元组甚至字符串）可执行相同的操作，只要它可以迭代。该函数返回一个新的可迭代映射对象，其中包含该函数已操作的数据。用户可以使用 list()、tuple() 或 set() 函数将其转换为列表、元组或集合。

假设要对数值数组的每个元素进行平方，可以定义一个 sq 函数。

```
def sq(x):
    return x*x
```

然后使用 map 函数对整个数组进行操作。

```
ara = [2,3,6,8,5,4]
amap = map(sq, ara)
ara1 = list(amap)  # convert back to List

print(ara1)
Here this produces the new list
[4, 9, 36, 64, 25, 16]
```

使用 map 函数可以比自己循环遍历数组运行得更快。我们的实验表明，它可以快 18% 左右，具体取决于用户调用的函数。

编写一个完整的程序

让我们通过编写一个生成斐波那契数列的程序来结束本章。

1, 1, 2, 3, 5, 8, 13, 21

等等。每个新值都是前两个值的总和。你会发现这个序列出现在花瓣中，花瓣可能有5、8 或 13 片。

```
""" Print out Fibonacci series """
current=0
prev=1
secondLast=0

while current < 1000:
    print (current, end=" ") # without newlines
    secLast = prev          # copy n-1st to secLast
    prev = current          # copy nth to prev
    current = prev + secLast # compute next x as sum
```

输出结果为：

```
0 1 1 2 3 5 8 13 21 34 55 89 144 233 377 610 987
```

难以破解的编码

在同一行中可使用多个赋值来编写同一个程序。这个程序很难解释或阅读：

```
a, b = 0, 1        # assign a=0 and b=1
while a < 1000:
    print(a)
    a,b = b, a + b
```

使用列表推导

Python 有一个独特的快捷方式，可以在一条语句中创建数组。这称为列表推导并具有以下形式：

```
vlist = [expression for item in list]
```

比如，用户编写以下代码：

```
squares = [value**2 for value in range (1,21)]
print(squares)
```

将获得输出结果为：

```
[1, 4, 9, 16, 25, 36, 49, 64, 81, 100, 121, 144, 169, 196, 225, 256, 289, 324, 361,
400]
```

这完全等同于这段更长但更清晰的代码：

```
squares = []
for value in range(1,21):
    squares.append(value**2)
print (squares)
```

还可以附加一个条件语句并仅生成一些值：

```
nlist = [x for x in range(20) if x%2 == 0]
print (nlist)
```

这只产生偶数：

```
[0, 2, 4, 6, 8, 10, 12, 14, 16, 18]
```

如果看起来有帮助，还可以在集合和字典中使用列表推导。

一些程序员断言列表推导会生成更高效的代码，然而，我们的测量表明列表推导被编译为 30 字节代码，而 for 循环版本被编译为 66 字节代码。它们的执行时间很接近。同样执行 100 万次代码，列表推导用时 4.49 s，for 循环用时 5.43 s，列表推导的速度仅快 10%。

GitHub 中的程序

- ❑ slicing.py：切片字符串。
- ❑ fibo.py：基本斐波那契数列。
- ❑ fibohard.py：难以破解的编码。
- ❑ statearray.py：使用 statenames.txt 读入的状态数组。
- ❑ sets.py：集合操作的例子。
- ❑ exceptions.py：异常代码说明。
- ❑ statedict.py：字典中的状态。
- ❑ maptest.py：map 函数说明。
- ❑ comprehend.py：列表推导示例。

函　　数

　　函数是 Python 和大多数其他语言的重要组成部分。函数是执行一组特定操作的代码单元。在整个程序中，虽然用户可以多次调用函数，但在多数情况下，一个函数仅被调用一次。

　　函数通常带有一个或多个参数，并且通常在它们退出时返回一些值。要声明一个函数，请以 def 关键字开头，并以圆括号和冒号结束声明。实际的代码缩进四个空格，就像在循环代码中看到的那样。下面先编写一个非常简单的函数，完成一个数的平方计算。

```
# return a square of the input value
def sqr(x):
    y = x * x   # square the input
    return y    # and return it
```

　　函数可以创建并使用变量，正如在上例说明的那样，这些变量的作用域为函数内部；如果尝试在函数外部引用该局部变量 y，它将被标记为错误。上述简单示例，只是说明变量的作用范围。程序改写如下：

```
# return a square of the input value
def sqr(x):
    return = x * x   # return the square
```

　　当然，函数也可以调用其他函数。创建一个调用 sqr 函数的 cube 函数。

```
def cube(a):
    b = sqr(a) * a  # compute the cube using the square
    return b
```

　　然后从主程序中调用函数。

```
print(xvar, sqr(xvar), cube(xvar))
```

返回一个元组

函数通常返回单个值，但可以使用元组返回多个值。下述简单函数示例用于计算大写和小写字符的数量，并在一个元组中返回两个数。

```python
# count upper and lowercase letters
def upperLower(s):
    upper = 0
    lower = 0
    for c in s:
        if c.islower():
            lower += 1
        elif c.isupper():
            upper += 1
    return (upper,lower)    #return a tuple

# get counts as a tuple
up, low = upperLower("Hello")
print(up, low)
```

应用程序执行

一旦编写了一个包含多个函数的程序，一般很难发现程序真正从哪里开始执行。当然，Python 解释器将开始执行它发现的第一个不在函数（或类）内部的代码。为了让读者清楚并确保 Python 在希望的地方启动，通常将启动代码放在 main() 函数中，然后调用该 main() 函数，如下所示：

```python
"""main program begins here"""
def main():
    xvar = 12
    print(xvar, sqr(xvar), cube(xvar))

###  This is the real entry point ####
if __name__ == "__main__":
    main()                  # call main() here
```

程序的预期输出结果如下：

```
12 144 1728
```

完整的程序如下所示：

```python
""" Some simple functions """
# return a square of the input value
def sqr(x):
    y = x * x   # square the input
    return y    # and return it
def cube(a):
    b = sqr(a) * a  # compute the cube using the square
```

```
    return b

""" main program begins here """
def main():
    xvar = 12
    print(xvar, sqr(xvar), cube(xvar))

###  This is the real entry point ####
if __name__ == "__main__":
    main()                      # call main() here
```

总结

❑ 使用 def 关键字可在任何 Python 程序中创建函数，后跟函数名称和括号中的零个或
  多个参数。

❑ 从程序中的任何地方可调用这些函数，包括从其他函数内。

GitHub 中的程序

❑ Funcs.py：函数示例。

❑ Upperlower.py：返回两个结果的函数。